CLAUS M. SCHMIDT

Katzen für Klugscheißer

Populäre Irrtümer
und andere Wahrheiten

KLARTEXT

BILDNACHWEIS

animal.press: 4, 5, 15, 32, 46, 47, 48, 49, 50, 53, 58, 59, 60, 61, 62, 63, 70, 75, 80, 81, 82, 83, 96, 97, 98; animal.press/caters: 45, 61 u., 64, 65, 72, 73, 93, 94, 95; animal.press/caters/Daisuke: 71; animal.press/Klostermann: 78; animal.press/Rainer Kaufung: 86, 87; animal.press/Schmäing & animal.press/caters: 79; Herder Verlag: 25; Rainer Kaufung: 33, 35; U. Schanz: 28; Schmidt: 66,67; Mark Taylor/caters: 30, 31; picture alliance: AP Images|Miho Ikeya: 76/77; abaca/Vandeville Eric: 24; dpa/Jens Kalaene: 74 o; Eventpress Radke: 99; Everett Collection: 97 o.; United Archives/IFTN|IFTN: 97 u.; United Archives/Impress: 96; United Archives/IFTN: 98; zz/Patricia Schlein/STAR MAX/IPx|zz: 74 u.; Adobe Stock: © nataba S. 4/5; © shooarts S. 6/7; © Krakenimages.com S. 8; © Nigar S. 9; © iagodina S. 10/11; © cynoclub S. 12/13; © Dmitry Naumov S. 14/15; © magraphics S. 18; © Yulia S. 18/19; © Nuthasak S. 19; © Florian Spieker S. 20; © worldofvector S. 22; © Марина Сидоренко S. 23; © Ermolaev Alexandr S. 27; © Uros Petrovic S. 36/37; © mariesacha S. 38; © grafikplusfoto S. 39; © Carola Schubbel S. 42; © nuclear_lily S. 43; © Africa Studio S. 55; © Nicole S. 68; © YoImages S. 69; © Andrey Kuzmin S. 70; © Africa Studio S. 84; © Edgar1 BJ S. 85; © Denis S. 91; © ChenPG S. 92; © lalalululala S. 94; © tankist276 S. 100; © Nynke S. 101; © Oksana Kuzmina S. 102; © Дмитрий Киричай S. 103 o.; © DoraZett S. 103 u.

Der Verlag hat sich bemüht, die Urheberrechtsinhaber aller Abbildungen ausfindig zu machen. Sollten geltende Rechte nicht berücksichtigt sein, bitten wir um Nachricht an den Verlag.

Bibliografische Information der Deutschen Nationalbibliothek
Die Deutsche Nationalbibliothek verzeichnet diese Publikation in der Deutschen Nationalbibliografie; detaillierte bibliografische Daten sind im Internet über portal.dnb.de abrufbar.

IMPRESSUM

1. Auflage September 2020
Layout und Satz: Ina Zimmermann
Umschlagabbildungen: animal.press; animal.press/caters; picture alliance: abaca | Apaydin Alain; /AP Images | Zz/Patricia Schlein/Star Max/Ipx; Geisler-Fotopress | Geisler-Fotopress; Adobe Stock: © Digitalpress; © Valerius Geng; © Elena; © by-studio
Druck und Bindung: Griebsch & Rochol Druck GmbH, Gabelsbergerstraße 1, D-59069 Hamm
© Klartext Verlag, Essen 2020
Alle Rechte vorbehalten
ISBN 978-3-8375-2234-1

Jakob Funke Medien Beteiligungs GmbH & Co. KG
Jakob-Funke-Platz 1, 45127 Essen
info@klartext-verlag.de, www.klartext-verlag.de

Inhalt

- 4 Der Autor
- 5 Zum Geleit
- 6 Trau bloß keinem Katzennamen
- 8 Die Katzen der Welt
- 9 Was Katzen und ihre Besitzer (nicht) dürfen
- 10 Zahlen & Fakten
- 14 Faszinierende Katzenaugen
- 16 Warum Katzenmusik doch ein Hit ist
- 18 Kater Luis Gespür für Zeit
- 20 Reviere im Timesharing
- 21 Katzenversteher
- 22 Feng Shui für Katzen
- 24 In bester Gesellschaft
- 26 Ein Geschenk des Himmels
- 27 Katzenwäsche – oder was?
- 28 Glücksmädchen
- 29 Die ersten 12 Wochen im Leben einer Katze
- 32 Meisterin der Heimlichkeit
- 36 In den besten Jahren
- 38 3 populäre Irrtümer zur Ernährung
- 39 Die sieben Leben der Katze
- 40 Die 10 besten Tipps gegen Katzenhaare im Haus
- 42 (K)eine Diva
- 44 Munchkin, die Dackelkatze
- 46 Das Geheimnis der Hemingway-Katzen
- 50 Wie Japan Katzen für Erdbeben rüstet
- 51 Der Katzen-Reisepass unter der Haut
- 52 Jeder Tag ein großes Abenteuer
- 54 Wenn die Katze auf den Teppich pinkelt …
- 56 Im Nasen-Wunderland
- 58 Die seltensten Katzen der Erde
- 62 Wasserscheu oder nicht?
- 64 Hawaiianischer Wellenreiter
- 65 Captain Cooper
- 66 Arche Noah für Samtpfoten
- 68 In der Ruhe schnurrt die Kraft
- 70 Linkspföter
- 71 Unterwegs zur Kirschblüte
- 72 Kater auf Reisen
- 74 Miezen als Musen
- 76 Das Katzen-Märchen
- 78 Wie Hund und Katz?
- 80 Hier ist die Katze König
- 82 Auf einen Kaffee mit der Katze
- 84 Gesund und lecker: Katzencracker mit Liebe gemacht
- 86 Welcome back, Pinselohr!
- 88 Katzen. Eine Zeitreise
- 92 Sieben Profitipps für tolle Katzenfotos
- 96 Katzenstars auf Zelluloid
- 100 Das Klugscheißer-Quiz
- 104 Klugscheißer-Sprüche über Katzen

Der Autor

Claus M. Schmidt wuchs mit Tieren auf, studierte Zoologie und Verhaltensforschung. Als Chefredakteur von „Ein Herz für Tiere" und „BBC Wildlife" lernte er bei seinen Reportagen die Katzen der Welt vom Amurtiger in der Taiga bis zu Kater Lui auf dem Sofa kennen. Auch in seiner Medienagentur „animal.press" sind Katzen immer wieder Thema.

Zum Geleit

Katzen erscheinen uns wie Wesen aus dem verlorenen Paradies. Sie sind so frei, sich weder regieren noch abrichten zu lassen. Kommandos gehen ihnen am Sterz vorbei. Wir freuen uns, wenn sie uns aus freien Stücken ihre Zuneigung schenken. Sie bedanken sich für unsere Aufmerksamkeit mit Anmut und überraschenden Einfällen.

Ihre Freizeit verbringen sie mit der Pflege ihrer Schönheit: Bis zu fünf Stunden täglich putzen sie ihr Haar. Nicht einmal die österreichische Kaiserin Sisi, die wegen der aufwändigen Pflege ihrer Frisur seufzte: „Ich bin die Sklavin meiner Haare", opferte so viel Zeit dafür.

Und doch sind unsere Katzen alles andere als überkandidelte Diven. Sie gehen mit ihren Menschen durch dick und dünn, haben offensichtlich mehr Freude daran, uns zu begleiten, als auf der Couch zu liegen. Freuen wir uns über eine neue Generation von „Abenteuer-Katzen", die wir Ihnen in diesem Buch genauso vorstellen wie die wilden Verwandten.

Sie glauben, Sie kennen Ihren Stubentiger in- und auswendig? Warten Sie ab: Es gibt viel Neues zu entdecken im Wunderland der Katzen – lassen Sie sich überraschen!

Trau bloß keinem Rassenamen!

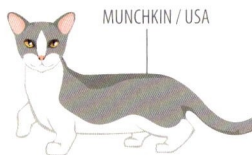

Die Heilige Birma stammt in Wirklichkeit aus Frankreich, die Havaneser Katze war nie auf Kuba, schon gar nicht in Havanna. Vielmehr ähnelte sie in den Augen ihrer britischen Züchter einer Havanna-Zigarre. Und natürlich stammt

die Balinese nicht aus Bali, sondern aus den USA. Da wundert es doch nicht, dass die Bengal Katze nicht aus Bengalen, dem heutigen Bangladesh, kommt. Wie die Bali ist sie eine waschechte Amerikanerin.

Die Katzen der Welt

Gleich vorweg: Die ganz normale Hauskatze ohne Stammbaum und Gedöns ist mit Abstand die Nummer 1 in Deutschland. Welche Farben, Größe und Muster sie hat, das ist dem Zufall überlassen, der die Elterntiere zusammengeführt hat. Halter können mit Stolz behaupten, dass ihre Katze einmalig ist. Ganz anders sieht das bei den Rasse- oder Edelkatzen aus. Eine jede von ihnen soll Standards entsprechen. Verbände wie der Deutsche Edelkatzen Züchterverband e.V. (DEKZV) achten darauf, dass Paarungen sozusagen „standesgemäß" unter Angehörigen der gleichen Rasse stattfinden.
Knapp 100 Rassen sind hierzulande anerkannt. Langes, halblanges oder kurzes Haar – das sind drei große Kategorien, in die diese Edelkatzen von der Amerikanischen Bobtail über die Siam bis zur York Chocolate eingeteilt werden.

Was Katzen und ihre Besitzer (nicht) dürfen – Katzengesetze aus aller Welt

- Zu Zeiten der Pharaonen waren Ägyptens Kornkammern Sperrgebiet für Hunde. Schließlich sollten die dort ansässigen Katzen ungestört ihrer Arbeit als Mäusejäger nachgehen können.
- Im alten Rom hatten Katzen das gesetzliche Recht, dort zu leben, wo sie geboren wurden. Großkatzen, wie die aus Nordafrika für Kämpfe im Kolosseum importierten Löwen, waren da leider nicht eingeschlossen …
- In Topeka, Kansas, darf man nicht mehr als fünf Katzen gleichzeitig halten.
- Im ungarischen Lorinc müssen Katzen draußen an der Leine geführt werden.
- In Baltimore ist es illegal, einen Löwen mit ins Kino zu bringen.
- In Minnesota darf eine Katze Hunde nicht den Telefonmast hochjagen.
- In Zion, Illinois, darf man Katzen keine Zigaretten anbieten.
- Schwarze Katzen müssen in French Lick Springs im Bundesstaat Indiana am Freitag, den 13. ein Glöckchen um den Hals tragen.
- Im Falle einer Scheidung bleibt die Katze in Madison, Wisconsin, bei dem Partner, der zum Zeitpunkt der Trennung gerade für sie sorgt.
- In Kalifornien dürfen sich Katzen nicht im Umkreis von 500 Metern um Schulen, Kirchen und Restaurants paaren.
- In Columbus, Georgia, ist Katzen das Miauen nach 21.00 Uhr verboten.
- In Duluth, Minnesota, dürfen Katzen nicht in der Bäckerei schlafen.

Zahlen & Fakten

Rund **15 Millionen** Katzen wurden 2019 in Deutschland gezählt. In jedem fünften Haushalt ist mindestens eine. Damit hat sich die Zahl innerhalb der letzten zehn Jahre fast verdoppelt.

2 Milliarden Euro geben wir im Jahr für Katzennahrung, Katzenstreu, Gesundheit und Zubehör wie Kratzbäume aus.

Die Versorgung einer Katze über 15 Lebensjahre kostet mit durchschnittlich **13 000 €** etwa halb so viel wie die Haltung eines mittelgroßen Hundes.

Exakt **24 Schnurrhaare** in vier Reihen umrahmen die Katzennase. Diese Vibrissen sind Tastorgane, lassen die Katze sozusagen im Dunkeln Gegenstände und Beute erfühlen. Weitere Tasthaare finden sich am Kinn und über den Augen.

Mit **28 Schwingungen** pro Sekunde schnurrt die Katze beim Ein- und mit etwa **40 Schwingungen** beim Ausatmen. Das Schnurren beruhigt nicht nur – es soll auch Schmerzen lindern und als Schalltherapie Heilungsprozesse fördern.

Die Berufsgenossenschaft der Gesundheitsdienste fand heraus: Tierärzte leben gefährlich. Besonders, wenn sie es mit Katzen zu tun haben.

75 Prozent aller Verletzungen am Arbeitsplatz erleiden sie durch Bisse, Kratzer und Tritte. Mit **156** Bissverletzungen führen Katzen die insgesamt **449** gemeldeten Fälle an. Hunde brachten es auf **109** Bisse.

Die älteste Katze, deren Lebensdaten jemals dokumentiert wurden, hörte auf den Namen „Ma". 1923 wurde sie im britischen Devonshire geboren und erfreute sich bis zu ihrem Tod im Jahr 1957 bester Gesundheit. Mit stolzen **34 Jahren** bekam sie den verdienten Platz im Guinnessbuch der Rekorde.

Zahlen & Fakten

600 Millionen Hauskatzen leben auf 6 Kontinenten der Erde. Tendenz steigend!

Mit **23 Millionen** führt Russland die Statistik der Katzenhaltung in Europa an.

50 Prozent der Halter tragen ein Foto ihrer Katze in der Brieftasche.

38,3 bis **39° C** ist bei Katzen die normale Körpertemperatur.

Die Katzensprache besteht aus **60** verschiedenen Lautäußerungen.

Mit **67,8 Dezibel** – so laut ist ein Staubsauger – schnurrte sich Kater Merlin aus Torquay zum Weltrekord als lautester aller Schnurrer.

3,7 Millionen Katzen in deutschen Haushalten stammen aus dem Tierheim.

Mit **7 Monaten** kann eine Katze erstmals trächtig werden.

Aus **230 Knochen** besteht das Katzenskelett, der Mensch hat nur 206 Knochen.

Faszinierende Katzenaugen

Schon im alten Ägypten wurden Katzenaugen bewundert. Ihr Leuchten in der Nacht und die Veränderung der Pupille von ganz schmal zu kreisrund wurde als eine direkte Verwandtschaft der Tiere zu Sonne und Mond interpretiert. Eigentlich ist jedes Katzenauge ein Wunder der Natur.

Was macht Katzenaugen so besonders?
- Der Augapfel ist sehr groß.
- Die transparente Oberfläche des Augapfels nimmt 1/3 der gesamten Oberfläche des Auges ein. Es kann also viel Licht einfallen.
- Die Pupille hat tags eine Schlitzform, nachts ist sie rund.
- Die Zahl der Stäbchen in der Netzhaut ist im Vergleich zur Zahl der Zäpfchen sehr hoch. Die Stäbchen sind Rezeptoren, die schwaches Licht wahrnehmen, aber keine Farben unterscheiden. Die Zäpfchen sind dagegen auf Verarbeitung von starkem Licht und Farben spezialisiert.
- In der Netzhaut werden die Signale der Stäbchen gebündelt, so dass die Lichtempfindlichkeit gesteigert wird.
- Hinter der Netzhaut liegt eine spiegelnde Struktur, das Tapetum lucidum, das Licht reflektiert. Deshalb leuchten Katzenaugen bei Lichteinfall in der Dunkelheit.

Unterschiedlich farbige Augen links und rechts sind als heterochrome Augen (Odd eyed) geläufig. Sie entstehen durch Pigmentstörung bei einer der beiden Regenbogenhäute in der Iris. Manchmal betrifft die Veränderung aber nicht eine komplette Iris. Dann handelt es sich um eine sektorielle Heterochromie: Beide Augen sind jeweils zweifarbig, mit je einer blauen und einer gelben Hemisphäre.

Warum Katzenmusik doch ein Hit ist

Zur Unterhaltung und gegen mögliche Gefühle der Einsamkeit schalten manche Menschen das Radio für ihre Mieze an, bevor sie aus dem Haus gehen. Aber: „Das ist wirklich für die Katz", sagt der Psychologe Charles T. Snowdon von der Universität Wisconsin-Madison.
Denn: „Unsere Musik geht den Miezen nicht ins Ohr, sondern bestenfalls am Hinterteil vorbei."

Der Professor muss es wissen. Hat er doch in einem ungewöhnlichen Experiment 50 Katzen auf ihren Musikgeschmack getestet und ihnen ein buntes Potpourri von Klassik bis Pop vorgespielt. Nicht das leiseste Anzeichen von Interesse oder Begeisterung konnte er da entdecken. Ganz im Gegenteil zeigte mancher Katzenbuckel, dass Mieze Musikantenstadl, Hiphop und sogar Mozart für regelrecht haarsträubend hält. Als Snowdon den Kandidaten aber seine Aufnahmen einer neuen, speziell komponierten Katzenmusik vorspielte, war das der Hit. Keine Spur von Katzenbuckel, das Haar der Tiere blieb glatt. Dafür stellten sich die Ohren auf und richteten sich schon nach den ersten Takten auf den Lautsprecher. Die Miezen strichen daran vorbei und rieben ihre Backen wie an den Beinen eines vertrauten Menschen, der gerade ihren Fressnapf füllt.
Snowdons musikalisches Erfolgsrezept: „Wir haben uns an der natürlichen Lautgebung von Katzen orientiert und herausgefunden, dass die grundsätzlich eine Oktave höher klingt als unsere Musik." Wohliges Schnurren und der Rhythmus, in dem Welpen an der Milchquelle nuckeln, gaben den Takt vor. Komponiert wurde die maßgeschneiderte Musik von einem ausgewiesenen Könner, dem langjährigen Dirigenten des Washingtoner Kammerorchesters, David Teie.

Der Musikdozent, der in seiner Komposition selbst das Cello spielt, legt Wert darauf, dass die Stücke nicht einfach natürliche Katzenlaute imitieren. Sein Orchester aus Streichern, Bläsern und Piano folgt lediglich dem natürlichen Rhythmus und der von Katzen bevorzugten höheren Tonlage. Testhörer sind Teies Katzen Cole und Marmalade, die wohl einen ziemlich durchschnittlichen Musikgeschmack haben, denn: „Wenn die ein neues Stück mögen, kommt es auch bei anderen an."

Reinhören lohnt sich – mit oder ohne Katze:
www.youtube.com/watch?v=YUhcY86ybi0

Kater Luis Gespür für Zeit

Jeden Dienstagabend verschwindet Kater Lui – immer zur gleichen Zeit. Aber wohin treibt es den ehemaligen Streuner jede Woche aufs Neue?

Kater Lui tauchte eines Tages bei Freunden auf. Obwohl der Streuner nicht gerade mager war, fütterten sie ihn. Es schien ihm zu munden, denn er schaute künftig öfter vorbei – bis er endlich mehr oder weniger ganz einzog. Obwohl nun mit einem festen Wohnsitz und eigener Katzentür versorgt, hat Kater Lui sich aus seinen Streunertagen noch ein paar gute Kontakte und alte Gewohnheiten bewahrt: So weiß er ganz genau, wann die Kinder von nebenan morgens vor Schulbeginn aus dem Haus gehen. Dann meldet er sich an der Tür und bekommt von der freundlichen Nachbarin ein Leckerli. Zum Tagesablauf gehört auch ein ganz spezieller Spaß, der ihm sogar einen kleinen Umweg in die Parallelstraße wert ist, wo ein Terrier wohnt. Der bellt sich hinter dem Tor zum Hof fast heiser, wenn Lui aufreizend langsam auf der sicheren Seite vorbeistolziert.

Eigentlich ganz transparent, das Leben des Katers. Nur gab es einen dunklen Punkt: Wohin pirschte Lui jeden Dienstag pünktlich um 20.00 Uhr? Die Suche nach amourösen Abenteuern konnte es nicht sein, da Lui sich seit einem operativen Eingriff nicht mehr sonderlich für die Damenwelt interessierte. Wir folgten ihm heimlich. Der Weg führte ihn bis zu einer Sporthalle zwei Ecken weiter. Dort hüpfte Lui behände in die Höhe auf ein Fenstersims. Ganz sicher nicht zum ersten Mal. Neugierig blickte er in die beleuchtete Halle und sein Kopf ging dabei ruckartig hin und her während sein Schwanz sich voller Spannung bewegte, als harre die Katze vor einem Mauseloch.

Schnell war klar, was ihn so magnetisch anzog: Jeden Dienstag um 20.00 Uhr wird dort Tischtennis gespielt. Und der heimliche Sportfan Lui kann sich nicht sattsehen, wie die Bälle geschwind wie Mäuse oder Vögelchen hin und her hüpfen – eine offensichtlich für Katzen total faszinierende „Sportschau", die nach 90 Minuten endet. Dann werden die Lichter ausgeknipst und Lui zieht wieder nach Hause. Bis er sich am nächsten Dienstag wieder auf die Socken macht ...
Wie aber kann sich ein Kater nicht nur seinen Stundenplan über den Tag merken, sondern auch Zeiträume wie einen Wochenrhythmus zuverlässig einhalten? Katzen in der Natur haben ein wunderbares Gespür für die Zeit, weil sie ihre Reviere nicht exklusiv besitzen – vielmehr arrangieren sie sich mit ihren Artgenossen in einer Art von Schichtbetrieb.

Reviere im Timesharing

Von ihrer Natur her sind Katzen Einzelgänger. Nach Möglichkeit vermeiden sie Begegnungen. Doch ihre Streif- und Jagdgebiete überlappen sich.
So sind Katzen auf die gleiche Idee verfallen wie Anbieter, die Ferienimmobilien im Timesharing verkaufen. Dasselbe Haus gehört verschiedenen Menschen, die zu verschiedenen Zeiten da wohnen dürfen. Katzen haben „Zeitreviere" – wie auf eine geheime Absprache nutzen sie ihre Reviere im Schichtdienst. Und Streit und peinliche Konfrontationen zu vermeiden, halten sie sich streng an die Zeiten. Und weil so ein Revier nicht nur von zwei, sondern leicht von bis zu vier Parteien genutzt wird (sehr zur Sorge der dort lebenden Mäuse), ist das Katzenhirn dazu geschaffen, in Zeiten und Perioden zu denken. So gelingt es ihm, den Wochenrhythmus tatsächlich „minutiös" zu verfolgen.

Diese beiden haben vom Timesharing wohl noch nichts gehört und sind sich in die Quere gekommen ... Das gibt dann Ärger!

Katzenversteher

Viele Katzenhalter haben ihre Katze schon lange und meinen, sie in- und auswendig zu kennen. Aber sind Katzenhalter auch wirklich immer Katzenversteher? Dass Hund und Katze sich wegen unterschiedlicher Körpersprache oft missverstehen, ist allgemein bekannt. Aber auch mit dem Menschen gibt es manchmal Kommunikationsprobleme … Wie gründlich wir Katzen missverstehen, wenn wir einfach davon ausgehen, dass sie genauso ticken wie wir, erklärt die Tierärztin und Katzenexpertin Franziska Kuhne von der Universität Gießen an folgenden Beispielen:

Du sitzt auf dem Sessel, liegst im Bett oder auf dem Sofa und die Katze schaut dich minutenlang an. Du denkst, dass sie jetzt Zuwendung braucht, gestreichelt werden oder spielen will. Nichts liegt der Katze aber ferner! Das direkte Ansehen ist unter Katzen eine feine Form der Drohung. Sie fordert dich auf, den Platz frei zu machen. Sie möchte einfach dahin, wo du gerade sitzt!

Noch ein Missverständnis gibt's, wenn der Mensch in die Küche geht und die Katze ihm folgt. Dann denkt man, sie hat Hunger und füttert sie. Tatsächlich, so sagt die Expertin, ist die Katze nicht die Spur hungrig. Sie hat einfach gelernt, dass sie etwas bekommt, wenn ihr Mensch in die Küche geht. So passiert es, dass Katzen übergewichtig werden, nur weil ihr Mensch bei gutem Appetit ist.

Wenn die Katze schnurrt, so glauben wir, ist sie glücklich und rundum zufrieden … Mit dieser Ansicht können wir allerdings ganz schön auf dem Holzweg sein. Franziska Kuhne: „Schnurren ist auch eine Methode, mit der eine Katze sich in stressigen Situationen selbst beruhigen kann."

Feng Shui für Katzen

In umbauten Räumen bauen sich Zonen verschiedener Energie auf. Sagt die Feng Shui-Lehre. Vereinfacht ausgedrückt kommt diese physikalisch nicht erklärbare Energie durch die Tür und nimmt einen festen Weg durch den Raum. Sie beeinflusst unser Verhalten, Wohlbefinden, und damit auch unsere Gesundheit. Und was hat das mit Katzen zu tun?

Schaden kann es ja nicht, wenn wir uns bei der Einrichtung der Katzenutensilien auch an dem orientieren, was Feng Shui-Berater empfehlen … Wo stehen das Schlafkörbchen, der Futternapf, das Katzenklo, der Kratzbaum am besten? Wo sind Plätze zum Kuscheln, zum Spielen, wo die optimalen Lernorte? Viele der Empfehlungen der fernöstlichen Lehre stehen übrigens perfekt im Einklang mit den Erkenntnissen moderner Verhaltensforschung. Einige Beobachtungen lassen sich täglich bei Ihren Tieren und auch bei Ihnen selbst (schließlich sind wir Menschen zoologisch gesehen ja Säugetiere) anstellen: Säugetiere suchen Sicherheit. Wenn Sie jetzt einfach mal nachsehen, wo Ihre Katze sich aufhält, wird das Tier vermutlich gerade an einer Wand des Zimmers sein oder in einer Ecke. Der bei Verhaltensforschern als „Wandständigkeit" bekannte Trend „Rücken zur Wand, Gesicht zum Raum" bietet Sicherheit, kann doch von hinten keine Überraschung kommen. Aus diesem Grund sind die frei gewählten Schlaf-, Kuschel- und Ruhelager unserer Tiere regelmäßig in Ecken zu finden. Dieses stammesgeschichtliche Erbe führt bei unserer eigenen Gattung

übrigens dazu, dass in Restaurants die Ecktische und wandnahen Plätze zuerst besetzt werden. Tische mitten im Raum – das weiß jeder Wirt – werden erst eingenommen, wenn die bevorzugten Randplätze nicht mehr zur Verfügung stehen. So sollte auch der Futternapf fürs Tier nicht ausgerechnet in einer solchen „Reizzone" stehen, da der Genuss bei der Nahrungsaufnahme durch fehlende Sicherheit beeinträchtigt ist.

Bei der Feng Shui-Lehre spielt neben der Form des Raums auch die Lage der Tür eine besondere Rolle. Hier, so heißt es, dringt die Energie ein, die sich im Raum verteilt. Ob Energie oder Gefahr – ohne Zweifel kann in geschlossenen Räumen immer irgendetwas durch die Tür kommen. Deshalb bedeutet es Sicherheit fürs Tier, wenn es sich seinen Ruheplatz in möglichst großer Entfernung von der Tür, aber mit Blick darauf suchen kann. Dort nämlich ist man als Säugetier vor bösen Überraschungen bestmöglich gefeit. Schlaf- und Ruheplätze gehören also in eine möglichst weit von der Tür entfernte Ecke. Und sie müssen einen freien Blick auf die Tür bieten. Dort ruht ein Tier am sichersten und dort kann es sich am besten entspannen.

In bester Gesellschaft

Ein Blick in die Augen einer Katze offenbart ein uraltes Band zwischen Mensch und Tier. Ein Band, das so stark ist, dass es gar die Menschheit eint. Bei Hunden mögen sich die Geister scheiden. Sie sind nicht so überall so sehr geschätzt wie Katzenwesen. In vielen Sprachen ist die Bezeichnung „Hund" ein Schimpfwort. Nirgends auf der Welt aber beschimpft einer den anderen als Katze. Katzen genießen Ansehen bis in die besten Kreise. Und das seit jeher …

Aus den frühen Tagen des Christentums ist diese Geschichte überliefert. Damals forderte Papst Gregor I (540–604) in Rom die Christenheit zu einem Beweis ihres Glaubens auf: „Opfert Euer Liebstes!" Das hörte ein armer Wandermönch und holte aus dem Ärmel seiner Kutte ein Kätzchen hervor. Papst Gregor winkte lächelnd ab und zauberte dann aus seinem Ärmel ebenfalls ein Kätzchen.

„El Gatto" („Die Katze") lebte als einzige Katze im Garten von Castel Gandalfo, der Sommerresidenz des ehemaligen Papstes Benedikt XVI.

Auch der ehemalige Papst Benedikt XVI, geboren 1927, gilt als leidenschaftlicher Katzenfreund, der sich um die Streuner rund um den Vatikan kümmert. Doch nicht nur im Abendland genießt die Katze höchste Wertschätzung. Vom Begründer des Islam, dem Propheten Mohammed (570–632), gibt es ähnliche Berichte wie aus der frühesten Christenzeit. Mohammed soll seine Lieblingskatze Muessa stets im Ärmel mit sich getragen haben. Als der Prophet einmal zum Gebet gerufen wurde, schnitt er sich den Ärmel ab, um Muessas Schlaf nicht zu stören.

Die Katzenliebe von Joseph Ratzinger ist so bekannt, dass sie sogar für die Umsetzung eines Kinderbuchs genutzt wurde. Hier wird aus Sicht einer Katze aus dem Leben von Papst Benedikt erzählt: Joseph & Chico, erschienen im Herder Verlag (2008).

Ein Geschenk des Himmels

Im alten Ägypten liegen die Wurzeln einer Freundschaft über Jahrtausende: Zu jener Zeit, als Menschen an den fruchtbaren Ufern des Nil erstmals Korn anbauten und sich Vorräte für schlechte Zeiten zulegten, begann sie. Den Menschen muss die Katze, die aus der Wildnis kam und die Scharen von Mäusen, die sich von ihren Vorräten bedienten, in Schach hielt, wie ein himmlischer Helfer erschienen sein.

Wie lange es dauerte, bis die erste Katze ihre Scheu ablegte und vertraut ums erste Menschenbein geschlichen ist, werden wir wohl nie erfahren. Doch aus Funden von Bronzestatuen, aus Wandmalereien und niedergelegten Schriften der Pharaonenzeit wissen wir, dass sich bereits in den Tagen der Pharaonen am Nil ein wahrer Katzenkult entwickelte.

Hochburg der Katzenverehrung war der Ort Bubastis, benannt nach der katzenköpfigen Göttin Bastet. Tausende von Priestern und Hunderttausende von Bürgern pilgerten an die Stadt am Nil, brachten kunstvolle Bronzestatuen als Dankopfer mit und ihre verstorbenen und einbalsamierten Katzen zur Bestattung hierher. Über den Tod einer Katze trauerte die ganze Familie. Alle Angehörigen ließen sich zum Zeichen des Verlustes die Augenbrauen abrasieren. Erst wenn die wieder nachgewachsen waren, war die Trauerzeit beendet.

Ein Ausfuhrverbot für Katzen sollte Ägyptens Vormachtstellung als führende Kornproduzenten der Welt festigen. Doch das scheiterte an durchlässigen Grenzen, geheimen Schmuggelwegen und korrupten Zöllnern. Denn als das ägyptische Reich unterging, waren die geliebten Samtpfoten vom Nil bereits in alle Welt gelangt.

Katzenwäsche – oder was?

Wenn Kätzchen sich die Pfoten leckt, muss es noch längst keine Katzenwäsche sein. Verhaltensforscher und Katzenexperte Desmond Morris sagt, dass es in vielen Fällen so viel bedeutet wie unser Kratzen am Kopf: Nachdenklichkeit und Unschlüssigkeit. Eine Übersprunghandlung, weil verlegene Kätzchen nicht wissen, was sie als Nächstes tun sollen.

Der Lösung eines kleinen Problems im Sommer kommt gelegentliches Pfotenschlecken allerdings näher: Der damit auf Fell und Ballen aufgebrachte Speichel verdunstet und entzieht den Pfötchen Wärme. Eine kühlende Klimaanlage für Katzen, die weder schwitzen noch sich einen Ventilator anstellen können.

Nicht auf die leichte Schulter nehmen sollte man allerdings, wenn das Schlecken zur Dauerbeschäftigung wird und sich schon kahle und wunde Stellen zeigen. Das spricht für Juckreiz und den Befall von Milben oder Pilzen. Das ist dann ein Fall für den Tierarzt!

Glücksmädchen

Wussten Sie, dass die dreifarbigen Glückskatzen durchweg Weibchen sind? Das liegt an den Genen für die Farbgebung des Katzenfells. Sie sitzen auf den Chromosomen, die bei der Katze in 19 Paaren vorkommen. Die dritte Farbe – Orange – tritt auf, wenn am gleichen Platz das Gen für Orange auf sein Gegenstück für Nichtorange trifft. Dann gibt es sozusagen einen Wettstreit zwischen beiden, und in manchen Regionen des Fells obsiegt das eine Gen, in manchen das andere. Das für die orange Farbe zuständige Gen ist jedoch Teil des Geschlechtschromosoms X, das nur bei den Weibchen paarweise vorkommt. Männchen dagegen haben neben dem X- auch ein Y-Chromosom. Das Y-Chromosom trägt keine Farbinformation. So kommt es bei Katern nicht zum Bingo der Farben, der bei den weiblichen Glückskatzen für die bunte Sprenkelung sorgt.

Die ersten 12 Wochen im Leben einer Katze

Erst geht's immer der Nase nach. Auf Entfernungen von über fünf Zentimetern helfen neugeborenen Kätzchen ihr feiner Geruch und ihre ausgeprägte Wärme-Empfindung. Bei allem, was näher liegt, zeigt der Schnurrbart, wo es langgeht. Die Augen sind in der ersten Lebenswoche geschlossen, die kurzen Stummelfüßchen tragen den Körper noch nicht, der Hals kann den Kopf nicht heben. Mutter hält sie warm, Mutter schützt sie vor Gefahren, trägt sie sanft am Nackenfell zurück, wenn sich eines der Kinder aus Versehen verkrabbelt hat. „Nesthocker" nennen Verhaltensforscher Jungtiere, die auf totale Fürsorge angewiesen sind. Sie entwickeln sie sich im Schneckentempo. An Tag sieben öffnen sich die Augen, sehen anfangs allerdings nur nur Hell, Dunkel und Konturen.

Mit zwei Wochen können Katzen Töne orten. Dann brechen die Milchzähne durch, es folgen erste Gehversuche. Ende der dritten Woche können Kätzchen der Mutter über kurze Strecken folgen. Das ist auch nötig – denn nachdem die Mutter in den ersten Wochen fast ausschließlich mit dem Nachwuchs verbrachte, beginnt sie nun wieder mit Jagdausflügen. Die Kleinen sind immer mal wieder alleine im Nest und die Milch läuft ihnen nicht mehr „fast wie von selbst" ins Mäulchen.

Unübersehbar setzt eine neue Phase im Leben ein – die Entwöhnung. Die Katzenmutter macht den Kleinen das Saugen nicht mehr so leicht wie früher, sie legt sich nicht mehr zu ihnen auf die Seite. Die Kleinen müssen die Initiative ergreifen, wenn sie hungrig sind und manchmal sogar im Mitlaufen trinken. Erste Beutestücke werden den Jungen ans Nest gebracht, so, als wollte die Mutter ihre

1. Woche

Schützlinge mit der künftigen Speisekarte vertraut machen. Ein Unterricht fürs Leben! Forscher, die Kätzchen über Jahre verfolgten und ihre Fressgewohnheiten protokollierten, fanden nämlich heraus, dass sie die Beute, die sie in dieser Lebensphase kennenlernen, auch später noch bevorzugen.
Mutter und Kätzchen können sich mit einem für Menschen unhörbarem Ultraschall-Fiepen unterhalten. Knurrend kann die Mutter ihre Jungen warnen und zur Ruhe verdonnern, wenn sie eine Gefahr wahrgenommen hat. Deutlich „fremdeln" die Jungen schon – sie können unterscheiden, wer als Wurfgeschwister oder Mutter zur Familie gehört und wer als Fremder mit Vorsicht zu genießen ist. Im Gegensatz zur Familie empfangen sie Fremde mit angelegten Ohren und Fauchen. Rasant entwickelt sich nun auch eine ganz spezielle Kunstfertigkeit der Katzen, ein Überlebenstrick, der „Stellreflex". Die wunderbare Fähigkeit, sich beim freien Fall aus jeder beliebigen Lage so umzudrehen zu können, dass man auf den Pfoten landet. Ist es nicht ein kleines Wunder, dass Kätzchen erst dann zu klettern wagen, wenn der rettende Stellreflex ausgereift ist?
Die zunehmenden Fähigkeiten lassen Kätzchen immer selbstbewusster werden. Mit der Harmonie am Futternapf, aus dem Geschwister eben noch friedlich gemeinsam ihre Milch schleckten, ist es bald vorbei. In Kämpfen um das exklusive Vortrittsrecht wird die Rangordnung deutlich.
Junge Katzen – sogar wenn sie aus ein und demselben Wurf stammen – entwickeln sich unterschiedlich rasch. Doch zwischen der 10. und der 12. Lebenswoche wird meist überdeutlich, dass die unbeschwerte Babyzeit vorbei ist. Mutters Geduld ist nicht mehr so grenzenlos, wenn die Kleinen mit ihr balgen wollen. Und wenn sie versuchen, bei ihr zu trinken, kann ihr auch mal die Pfote ausrutschen. Höchste Zeit, den Rest der Welt auf eigene Faust zu entdecken!

2. Woche

3. Woche

4. Woche

8. Woche

12. Woche

4. Monat

7. Monat

ausgewachsen

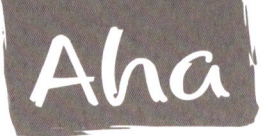

Meisterin der Heimlichkeit

Sie war bei uns schon ausgestorben – doch dank Naturschützern ist die Wildkatze bei uns wieder heimisch. Sie steht auf, wenn die Sonne untergeht, verschwindet im dichten Unterholz, wenn der Morgen graut. Hier verbirgt sich die Wildkatze so gut, dass kaum ein Mensch sie je zu Gesicht bekommt. Dabei ist sie gar nicht mal mehr so selten. Wildforscher beziffern ihren Bestand auf 8000 bis 10.000 Köpfe.

Die wilde Verwandte unserer Katzen ist etwas molliger, ihre Schnurrhaare sind länger und kräftiger als bei der Hauskatze. Ein dunkler Aalstrich entlang der Rückenmitte, ein buschiger Schwanz mit vier bis fünf dunklen Ringen und einer schwarzen Spitze sind weitere Merkmale der Wildform. Aber der größte Unterschied liegt im Verhalten: Die Wilde meidet Menschen. Laut-

los und tatsächlich auf den Zehenspitzen begibt sie sich auf ihre nächtliche Pirsch. Nur Förster und Wildforscher wissen überhaupt, ob es Wildkatzen im Revier gibt. Aber selbst sie sind angewiesen auf Spurensuche – das heimliche Schattenwesen entzieht sich allen Blicken. Es verrät sich nur einem kleinen Kreis von Kundigen, die genau wissen, wonach sie zu suchen haben. Mal ist ein Haarbüschel in einem Busch wilder Rosen hängen geblieben, mal finden sich Kotballen, die Mäusezähne und Mäuseknochen zum Vorschein bringen, wenn man sie zerpliesert.

Wildkatzen sind Einzelgänger – nur zur Paarungszeit im Februar finden sich Partner für einige Tage zusammen. Schon für die alten Germanen war die Liebe, die so etwas möglich machte, eine Himmelsmacht: Der Wagen ihrer Fruchtbarkeitsgöttin Freya wurde von Wildkatzen übers Himmelsgewölbe gezogen. Die Katzen standen für Kindersegen.

In den nächsten Wochen streift die Katze umher, schaut in jeden Reisighaufen, unter Baumwurzeln, stöbert in verwaisten Karnickel- oder Fuchsbauten und schaut unter Felsvorsprünge. Sie sucht einen sicheren Platz als Wiege für ihren Nachwuchs. Der Platz kann aber noch so gut gewählt und vorbereitet sein – beim geringsten Anzeichen einer Gefahr wird er verlassen und gegen ein neues Lager ersetzt. Es genügt schon, wenn nur ein Fuchs, ein Marder oder ein Wildschwein in der Nähe herumschnüffelt. Die trächtige Katze vermeidet jedes Risiko. Denn nach einer Tragzeit von 63 bis 69 Tagen bringt sie ihre drei bis sechs Jungen zur Welt. Wildkatzen sind strenge Mütter, die nicht viel Spaß verstehen. Ist eines der Kätzchen zu vorwitzig und unternimmt Ausflüge auf eigene Faust, dann schleppt sie es zurück in die Kinderstube und knabbert die Schnurrhaare ein wenig kürzer. Der Verlust dieser Tasthaare bremst den Tatendurst eines Kätzchens so lange, bis es zusammen mit der Mama erstmals auf Mäusepirsch geht. Mäuse sind das täglich Brot für Wildkatzen, auf sie ist der Schattenjäger spezialisiert. Dass die Katzennase weit weniger leistungsfähig ist als die Hundenase, spielt da keine Rolle – denn Mäuse riechen nicht. Mit der Fähigkeit, im Dunkeln zu sehen und jedes Mausetrippeln zu hören ist der Lauerjäger allerdings bestens für seine Aufgaben gewappnet: Am Mauseloch oder einem gut erkennbaren Mäusepfad kauert er sich hin. Kauern, warten, zuschlagen ist das Rezept, das die Jungen von der Mama mit großer Begeisterung und grenzenloser Geduld erlernen. Wie spannend so ein Blick ins Mauseloch für Wildkatzen sein muss, das zeigt sich an der vibrierenden Schwanzspitze. In diesem Punkt sind sich unsere Stubentiger und ihre wilden Vettern aus den Wäldern einig: Die Katze lässt das Mausen nicht.

In den besten Jahren

Die Lebenserwartung von Katzen ist in den letzten Jahrzehnten gestiegen, ein Alter von 16 bis 18 Jahren ist längst nicht mehr die Ausnahme. Nicht nur Fortschritte in der Ernährung und Medizin sind dafür verantwortlich – auch die Halter sind heute besser über die Bedürfnisse ihres Tiers informiert.

Wie alt eine Katze wird, hängt von verschiedenen Faktoren ab: Dicke Katzen leben nicht so lange wie schlanke. Kastrierte Katzen und kastrierte Kater werden im Durchschnitt vier bis fünf Jahre älter als nicht kastrierte. Manche Rassen werden älter als andere. So haben Siamkatzen die höchste Lebenserwartung. Wohnungskatzen werden älter als Freigänger. Katzen von Nichtrauchern leben länger als die von Rauchern.

Es ist beneidenswert, dass Katzen kaum Anzeichen fürs Altern zeigen. Wenn sie also auch noch so jung erscheint – jenseits des 10. Lebensjahrs sollte die Katze als Senior behandelt werden. Wer sich auf diese speziellen Ansprüche einstellt, sorgt dafür, dass der Senior in seiner zweiten Lebenshälfte fit ist wie ein Turnschuh. Wann genau der Zeitpunkt gekommen ist, das lässt sich kaum am Kalender festmachen. Meist liegt er aber zwischen dem 8. und 12. Lebensjahr. Halter müssen erkennen, wann die sogenannten „besten Jahre" angebrochen sind.

Selbst Fachleuten fällt es schwer, das genaue Alter einer Katze einzuschätzen. Hinweise auf den Beginn des Alterungsprozesses sind verstärktes Ruhe- und Schlafbedürfnis, stärkere Anhänglichkeit und ein nachlassender Bewegungsdrang – eine Kombination, die Fettansatz fördert. Deshalb sollte man beim Füttern älterer Katzen sparsam mit Fett umgehen. Vitamine und Mineralien mobilisieren die Abwehrkräfte, schützen Organe und stärken

die Knochen. Weil der Geschmackssinn nachlässt, sind ältere Katzen oft wählerisch und fressen gelegentlich gar zu wenig. In diesem Fall kann man den Geschmack der Mahlzeit durch ein paar Tropfen Speiseöl aufpeppen.
Zahnpflege ist bei älteren Katzen besonders wichtig. Regelmäßige Kontrolle auf Zahnstein ist wichtig. Es gibt im Fachhandel auch spezielle Häppchen und Spielzeug, das die Zähne reinigt. Zu viel Zahnstein muss der Tierarzt entfernen. Das ist mehr als Kosmetik, da die Bakterien, die sich darauf sammeln das Herz und andere Organe angreifen.
Katzen sind Individualisten, bei älteren Katzen können sich Gewohnheiten und Vorlieben bis zur regelrechten Kauzigkeit steigern. Grundsätzlich erwarten Senioren Rücksicht, Zuwendung und Pflege. Und die werden sie auch energisch einfordern. Die verschmuste Katze will nun ständig schmusen, die ruhige Katze will nun nicht mehr gestört werden, die lebhafte Katze will nun ständig spielen.

Eine Thaikatze – sie hat zusammen mit der Siam die höchste Lebenserwartung.

3 populäre Irrtümer zur Ernährung

1. Getreide im Futter führt zu Allergien
Kratzt sich die Katze, denken viele gleich an eine Allergie, und weil es derzeit viele Menschen betrifft, werden gern Gluten und Weizen verantwortlich gemacht. Doch eine Studie an Katzen mit Nahrungsmittel-Allergien zeigt: Häufigster Auslöser sind Proteine tierischer Herkunft, vor allem Rind, Geflügel und Milchprodukte. Zöliakie – also die Unverträglichkeit auf Gluten, das in manchen Getreidesorten enthalten ist – war dagegen bei keiner der getesteten Katzen nachzuweisen.

2. Appetit auf Süßes
Zucker im handelsüblichen Fertigfutter soll den Appetit auf bestimmte Marken steigern. Falsch! Denn Katzen haben keinen Geschmackssinn, der für Süßes zuständig ist. Sie bemerken den Zucker also gar nicht. Vielmehr wird Zucker vom Hersteller zugesetzt, um den Halter zu erfreuen. Karamellisierter Zucker sorgt für eine in unseren Augen appetitliche goldbraune Färbung.

3. Katzen lieben Abwechslung im Futternapf
Das ist eine zutiefst menschliche Denkweise nach dem Motto: Beim Italiener waren wir erst – gehen wir doch zum Griechen. Der Katze ist das zutiefst wesensfremd. Sie mag, was sie mag und ist in dieser Hinsicht ein absolutes Gewohnheitstier. Oder ist eine Katze denkbar, die sich sagt: Nicht schon wieder Maus – das gab's doch erst gestern!

Die sieben Leben der Katze

Katzen haben sieben Leben, sagt der Volksmund. Stimmt eigentlich nicht: Die berühmte Zähigkeit der Katzen bezieht sich wohl eher darauf, dass sie Stürze aus großer Höhe überleben können, weil sie geschickt auf ihren Pfoten landen. Kätzchen, besonders die jungen, sind äußerst empfindliche Tiere. Die Sterblichkeitsrate bei ihnen ist hoch. Haben sie erst mal die ersten drei Jahre überstanden, ist die Lebenserwartung allerdings in der Regel gut.
Mit einem Jahr sind sie „volljährig". Ab zwölf gilt der Stubentiger als alt. Umgerechnet knapp siebzig Menschenjahre hat er dann bereits hinter sich. Eine 16-jährige Katze ist ein Greis von 84 Jahren. Bei guter Pflege erreicht eine Wohnungskatze mitunter 20 Lenze, was etwa 100 Menschenjahren entspricht.

Die 10 besten Tipps gegen Katzenhaare im Haus

Was tut man nicht alles! Das Sofa ist unter den Überdecken nicht mehr zu sehen, auf den Sesseln liegen Schonbezüge, Türen sind verbarrikadiert, manchmal sind die Türklinken nach oben montiert, weil die Katze sie sonst herunterdrücken kann. Alles Maßnahmen, um den Katzenhaaren wenigstens punktuell Herr zu werden. Von ihren rund eine Million Haaren verliert die Katze täglich mehr als 1000 …

1. Täglich bürsten
Katzen können sich, mit Ausnahme von einigen Langhaar-Rassen, selbst um ihre Fellpflege kümmern. Das tägliche Bürsten ist allerdings sinnvoll, um die losen Haare aus dem Fell zu bekommen, dies ist vor allem zwischen dem Sommer- und Winterfellwechsel wichtig. Wenn die Katze besonders stark haart, kann man zusätzlich mit einem angefeuchteten Ledertuch über das Fell streichen, lose Haare bleiben daran haften und lassen sich auswaschen.

2. Wäsche wegräumen
Wäsche, vor allem wenn sie ganz frisch aus der Waschmaschine kommt, hat eine magische Anziehungskraft auf die Katze. Hier sollte man sich disziplinieren und die Wäsche sofort wegräumen, so dass man der Katze keine Gelegenheit gibt, sich draufzulegen.

3. Trockner
Hat man Katzen, ist der Wäschetrockner eine dankbare Anschaffung. In seinem Fusselsieb sammeln sich nicht nur sämtliche Flusen, sondern auch die Katzenhaare. Bei Textilien, die nicht für Trockner geeignet sind, ist das Programm „Entlüften" hilfreich.

4. Fusselbürste/Paketklebeband
Haben sich die Katzenhaare bereits auf den Textilien und Möbeln festgesetzt, helfen Fussel- bzw. Kleiderbürsten. Man bekommt sie z.B. im gutsortierten Zoofachhandel für etwa 3 bis 7 €. Alternativ kann man die Haare auch mit einem starkklebenden Paketklebeband entfernen.

5. Tierhaarsauger
Viele Staubsaugerhersteller haben bereits auf die Probleme von Katzenbesitzern reagiert und bieten spezielle Tierhaarsauger an.

6. Glatte Klamotten
Es gibt Kleidungsstücke, die Katzenhaare magnetisch anziehen und festhalten, so z.B. Fleecepullover oder -jacken. Gewiefte Katzenhalter nehmen sowas nur für die Freizeit draußen – drinnen sind Stoffe mit glatter Oberfläche besser.

7. Haar-Magneten
Platzieren Sie Schaffell, Fleece oder Wolldecken auf den bevorzugten Liegeplätzen Ihrer Katze. Darauf bleiben die Haare haften, fliegen nicht in den Zimmern herum, und von Zeit zu Zeit können Sie die Stoffe an der frischen Luft ausschütteln.

8. Katzenfreie Zonen
Auch wenn die Katze anfangs protestiert, kann man einige Zimmer, wie das Schlaf- oder Kinderzimmer, zur katzenfreien Zone erklären. Türe zu!

9. Aufladen hilft
Streichen Sie mit einem angefeuchteten haushaltsüblichen Gummihandschuh oder einem feuchten Ledertuch über Sofa und die Bezüge, durch die elektrische Aufladung bleiben die Katzenhaare haften und lassen sich leicht aufnehmen.

10. Kahl oder gelockt
Bei vielen Allergiegeplagten haben sich die sogenannten Nacktkatzen bereits durchgesetzt. Auch die lockige Devon Rex zählt zu den kaum haarenden Rassen.

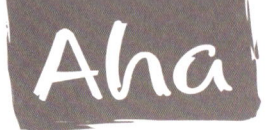

(K)eine Diva

Von wegen „dekoratives Paradekissen": Die bekannteste aller Rassekatzen, die Perserkatze, gilt als stark überkandidelt. Aber man sollte sich nicht von ihrer luxuriösen Erscheinung täuschen lassen. Dass ihr Leben nicht nur aus Allüren, purer Lust am Ruhen auf dem Kissen und Flaniergängen zwischen Fenstersims und Futternapf besteht, wissen ihre Halter. Im Inneren ist sie eine Räuberin, die gerade so gern mit der Wollmaus spielt wie jede schlichte Hauskatze aus dem Tierheim.

Natürlich ist so ein Tier nicht zum Arbeiten auf der Welt. Nein – diese Katze ist keine, die in der Scheune die Mäuse jagen soll, keine, die am Hafen nach Fischabfällen sucht. Sie erwartet Zuwendung von ihrem Menschen. Das kuschelige Langfell braucht täglich mindestens 20 Minuten Pflege mit Kamm und Bürste, damit es nicht verfilzt.

Wie nach einem schlauen Plan haben Züchter das schöne Tier zum Liebhaben entworfen. Systematisch über Generationen wurde sie mit klassischen Merkmalen des aus der Verhaltensforschung bekannten „Kindchenschemas" ausgestattet: große Augen, gewölbte Stirn, Stupsnäschen und kurze Gliedmaßen am rundlichen Körper. Merkmale, die unwillkürlich den Brutpflegetrieb anstoßen. Der Preis für die extremen Stupsnäschen war allerdings hoch: Manche Katzen leiden an Atemproblemen, ihre Tränenflüssigkeit läuft nicht mehr normal ab. Gewissenhafte Züchter legen zum Glück heute mehr Wert auf freie als auf kurze Nasen.

Als der italienische Handelsmann Pietro della Vallo im 17. Jahrhundert die ersten Katzen aus Persien nach Europa brachte, eroberte die Exotin die Palazzi des Adels und der Reichen. Im Laufe der Zeit wurde das einstige Luxusgeschöpf gutbürgerlich, was ihm in den Augen der Fans noch mehr Pluspunkte verschafft: Perser sind perfekte Wohnungskatzen ohne die leisesten Streunerambitionen. Wer sich solch eine Katze zulegen will, aber keine Zeit und Lust hat, das Fell täglich ausgiebig zu pflegen, der ist mit der relativ jüngeren Züchtung, der Exotic Shorthair bestens bedient, die als pflegeleichte Kurzhaarausgabe alle Eigenschaften der Perser in sich trägt. Doch auch sie ist kein lebendes Schmuckstück, das ganztägig auf dem Sofa thront. Auch die feinsten dieser Diven haben immer wieder ihre wilden fünf Minuten, in denen es in der Wohnung über Stock und Stein, Tisch und Regal geht.

Munchkin, die Dackelkatze

Was haben Dackel denn mit Katzen zu tun? Am Anfang der Zucht von Dackeln (und Corgis) stand eine Mutation, die für die kurzen Beine verantwortlich war. Es ist noch gar nicht lange her, dass eine solche Mutation auch bei Katzen auftrat. Sie bildete den Grundstock der Munchkin- oder Dackelkatze.

In den 1980er Jahren hatte eine mitleidige amerikanische Katzenfreundin eine kleinwüchsige Katze bei sich aufgenommen. Die war trächtig. Einige ihrer Jungen trugen das „Dackel-Gen" für kurze Beine. Aus ihren Nachkommen entstand die Rasse, die außer in den USA nur in wenigen Ländern offizielle Anerkennung durch die Züchterverbände fand. Das Problem: Eine Paarung unter Munchkins bringt keine Jungen. Nur mit anderen Rassen können Munchkins Nachwuchs produzieren.
Ein besonderer Vertreter der Rasse ist Katerchen George: Wenn Andrew Park von der Arbeit nach Hause kommt und die Türe aufschließt, erwartet ihn Kater George bereits sehnsüchtig – und aufrecht sitzend wie ein Mensch. „Er fing damit an, sobald er klettern konnte", erzählt sein Besitzer, „und jetzt macht er es einfach ständig. Er kann bis zu 20 Sekunden aufrecht bleiben." Und wirklich: Wenn George den Fernseher nicht sehen kann, Besuch in die Wohnung kommt oder er einfach nur neugierig ist – schwupps, richtet sich der Kater kerzengerade auf. Zu Weihnachten hat seine Familie dem Kleinen einen Hochsitz geschenkt. Von hier hat er auch im Liegen alles im Blick.

Das Geheimnis der Hemingway-Katzen

Sie schlafen auf dem Schaukelstuhl der prächtigen Veranda, unter Palmen, auf dem Sofa. Die Tage im Süden Floridas sind schwül. Erst gegen Abend werden sie munter. Hier sind sie alle versammelt, die großen der Welt: Marilyn Monroe, Pablo Picasso, Sophia Loren, Spencer Tracey, Ava Gardner und sogar Charly Chaplin.

60 Katzen auf Key West, der südlichsten Insel von Florida tragen ihre großen Namen gelassen und lassen sich als Stars bewundern. Sie sind selbst prominent, mit großer Geschichte: So verschieden sie aussehen – alle stammen von den Katzen ab, die einst dem Schriftsteller Ernest Hemingway (1898–1961) um die Beine streiften, als er noch hier wohnte und auf seiner Schreibmaschine tippte.

Schriftsteller und Katzenfreund Ernest Hemingway, um 1940

Ein Kapitän, Kumpan zahlreicher Angeltrips und Saufgelage, schenkte Hemingway sein jüngstes Schiffskätzchen. Und das war ein ganz besonderes, trug es an den Vorderpfoten nicht fünf, sondern sechs Krallen. Eine seltene Mutation, bekannt als Polydactylie. Verborgen unter der Veranda des Hauses brachte das geschenkte Kätzchen im folgenden Jahr fünf Junge zur Welt. Drei der Sprösslinge hatten von der Mutter die zusätzlichen Krallen geerbt. Hemingways Villa am südlichsten Zipfel der USA ist heute ein Museum, das als Besucherattraktion liebevoll gepflegt wird. Wie auch die Katzen: Ein Tierfutter-Produzent stellt die Verpflegung und zwei Tierärzte kümmern sich um das Wohlergehen von Marilyn, Pablo, Sophia und Co. Mühe machen die kerngesunden Tiere ihren Veterinären nur einmal im Jahr. Dann nämlich, wenn alle Katzen geimpft, untersucht und entwurmt werden. Gegen den Willen der

Hemingway und seine Söhne mit ihren Katzen, um 1940

Die Hemingway-Villa in Key West wird von vielen Touristen besucht.

Patienten! „Cat Rodeo" – Katzenrodeo – nennen die Tierärzte die Fangaktion, bei der es manchmal so wild zugeht wie auf den Veranstaltungen mit wilden Mustangs. Damit die Katzen bei der Behandlung nicht durch ihr Rufen die anderen warnen, haben sie für die Reihenimpfungen einen „Cat-Trick" entwickelt: Während der Impfung stecken sie der Katze einen Finger ins Ohr. Dann verhält sie sich ruhig bis die Prozedur vorüber ist.

„Unsere Besucher lieben es, wenn sie die Enkel und Urenkel der Dichterkatzen einmal streicheln dürfen", sagt Führerin Virginia O'Meora. Besonders die mit dem überzähligen Zeh sind begehrt. „Manche würden am liebsten gleich eine mitnehmen und fragen mich, ob die Tiere käuflich sind." Sie sind es nicht. Denn durch systematische Geburtenplanung hält sich die Größe der Kolonie gerade konstant.

Wie Japan Katzen für Erdbeben rüstet

Tiere haben einfach ein feineres Gefühl. Von den 100.000 leichten Beben, die sich jährlich in Japan ereignen, werden nur 1500 von Menschen überhaupt wahrgenommen. Doch auch wenn Katzen zehnmal mehr von diesen Beben spüren und die Erdstöße früher wahrnehmen – ein

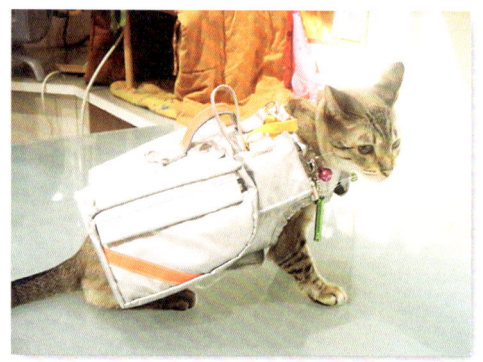

Diese Katze trägt eine Erdbeben-Überlebensweste.

rettendes Frühwarnsystem für schwere Beben auf Basis ihres 7. Sinns ist nicht in Sicht. So hat man sich in Japan nach leidvoller Erfahrung auf das Leben mit der Katastrophe eingestellt.

Für den Fall der Fälle hat die Firma Oyagokoro ein praktisches Erdbeben-Überlebensset für Katzen produziert. Es besteht aus einem wasserfesten Regencape mit Mütze, vier kleinen Gummischuhen, die die Pfoten vor Glasscherben, Nägeln, Splittern schützen. Ein Riechfläschchen mit Duftölen soll Stress reduzieren. Für den Fall, dass man sich aus den Augen verliert, ist in die Weste eine Kapsel mit Namen und Adresse des Halters eingearbeitet. Dem Wiederfinden dient auch das Glöckchen, das am Hals des Capes hängt. Es gibt Taschen mit Leckerli und eine Trinkflasche für Wasser. Die Sets kosten je nach Größe und Ausstattung zwischen 150 und 600 €. Gratis dazu kommt noch der Tipp vom Hersteller: Packen Sie ein getragenes Kleidungsstück mit in die Weste. Der vertraute Duft wirkt beruhigend.

Der Katzen-Reisepass unter der Haut

Man sieht es ihnen nicht an. Doch einige Millionen Katzen in Deutschland tragen ihn schon – den Mikrochip. Seit dem 3. Juli 2011 ist er in Kombination mit dem blauen EU-Heimtierpass verbindlich bei Grenzübertritten. Wie die herkömmliche Ohr-Tätowierung, so hilft auch die zentral registrierte Chipnummer in vielen Fällen, vermisste Tiere zu ihrem Halter zurückzubringen. Mit einer Länge von etwa 20 mm und einem Durchmesser von 1 mm ist der Chip kaum größer als ein Reiskorn.

Sein individueller und unverwechselbarer Nummerncode lässt sich mit speziellen Lesegräten entziffern. Der neue blaue Impfpass (= EU Heimtierausweis) ist beim Tierarzt erhältlich. Impfungen müssen bei Auslandsreisen in diesem Ausweis eingetragen sein. Der Tierarzt darf aber nur bei bereits gechippten Tieren einen Eintrag vornehmen. Ein Nachtrag, wie es früher beim gelben Impfpass möglich war, ist ebenso ausgeschlossen wie das nachträgliche Chippen.

Chip und Heimtierausweis gibt es beim Tierarzt. Der Chip wird mit einer Art Injektionsspritze unter die Haut gepflanzt. Meist in die linke Schulter-Nacken-Region. Die Prozedur verläuft ohne Narkose, ist kurz und schmerzlos wie eine Impfung.

Der Mikrochip ist ein elektronischer Transponder, der von den vom Lesegerät ausgesandten Radiowellen aktiviert wird. Auf dem Display des Lesegeräts erscheint die 15-stellige ID-Nummer. Die ersten drei Zahlen dieser Reihe sind Landeskennung, die weiteren 12 Zahlen sind die weltweit einmalige Codierung. Einige Zehntausend Katzen pro Jahr entlaufen oder werden vermisst. Es empfiehlt sich, sein gechipptes Tier bei einem zentralen Register (etwa Tasso Haustierregister oder Tierschutzbund) zu melden. Für den Fall, dass der Liebling entläuft oder irgendwie abhandenkommt, bestehen dann gute Chancen auf ein Wiedersehen.

Jeder Tag ein großes Abenteuer

Sie waren nicht geplant, es ergab sich im Laufe der Zeit einfach so: Wann immer bei einem der Zootierärzte eine herrenlose Katze abgegeben wurde, fragten sie bei den Tierpflegern nach, ob sie noch Platz für eine Katze hätten. So zogen nach und nach 22 Katzen im Zoo von Riga ein.

Aus dem ursprünglichen Tierschutzprojekt ist ein Projekt zum Vorteil für alle geworden: ein Modellfall für weitere Zoos. Denn wo viele Tiere leben, Futter gelagert wird, da sind Ratten und Mäuse nicht fern. Nun verbietet es sich, in Tiergehegen Gift auszulegen. So können die Nager schnell zu einem hygienischen Problem und einer ernsten Gefahr für den wertvollen Tierbestand werden.
Katzen sind die beste biologische Schädlingsbekämpfung, die man haben kann. Und viele Exoten lieben die Gesellschaft von Katzen. Die Giraffen passen auf, dass sie nicht aus Versehen „ihre" Siamkatze treten, die Bären krümmen „ihren" Katzen kein Härchen und das mächtige indische Banteng-Rind scheint zu lächeln, wenn die gerade erst zugezogene kleine schwarze Katze vor ihm auf dem Rücken liegt und ihm alle spitzen Krällchen in seine Schnauze hackt – das Banteng liebt das Kribbeln an der Nase. Nur den Fischen ist die Gesellschaft egal – für die Katzen allerdings sind die Aquarien wie ein buntes TV-Programm.

Die 22 Katzen sind auf die verschiedenen Abteilungen des Zoos verteilt. Sie sehen ihre Abteilung als ihr Zuhause an und die Tierpfleger als ihre Menschen. Tagsüber bewegen sie sich frei im ganzen Zoo, treffen sich mit ihren Katzenkollegen und den Zootieren. Nachts werden sie in den Tierhäusern eingeschlossen, wo ihr Körbchen im Aufenthaltsraum der Tierpfleger steht. Am frühen Morgen öffnen sich für die Katzen wieder die Türen.

Wenn die Katze auf den Teppich pinkelt ...

Manchmal reagieren Katzen auf Veränderungen in ihrem Umfeld oder ihren Lebensumständen mit einem unerwünschten Verhalten, das von Experten als Protest-Urinieren angesehen wird. Je früher man da eingreift, desto besser – besteht doch die Gefahr, dass dieses Verhalten zur festsitzenden Gewohnheit wird. Da Katzen äußerst individuelle Persönlichkeiten sind, gibt es kein Patentrezept. Und weil die Ursache des Protests meist entweder unklar oder einfach nicht zu beseitigen ist, geht probieren hier über studieren. Hier einige Tipps, die schon mal helfen könnten:

- Pheromon-Sprays mit spezifischen Duftstoffen können dem Tier die Freude an manchen Pinkelstellen verleiden.

- Reinigen Sie verunreinigte Stellen mit Alkohol. Damit werden organische Duftmoleküle zerstört, die erneutes Markieren auslösen können.

- Bestücken Sie das Katzenklo mit neuen Substraten. Es kann sein, dass die derzeitige Einstreu dem Tier nicht behagt. Verändern Sie den Standort der Katzentoilette oder versuchen Sie es mal mit einem anderen Modell (z.B. überdacht).

- Krümeln Sie ein wenig Erde aus einem Blumentopf ins Katzenklo. Der leicht moderige Duft der enthaltenen Bodenpilze und Bakterien wirken auf manche Katze ungemein anregend.

- Stellen Sie für ein paar Wochen das Futter und den Wassernapf für die Katze auf die verunreinigten Stellen. Katzen urinieren nur ungern in der Nähe ihres Futters.

- Machen Sie kein großes Aufhebens von den Fehltaten Ihrer Katze. Selbst Schimpfen kann sie als Erfolg bewerten. Schließlich steht sie so im Mittelpunkt und genießt Ihre Aufmerksamkeit.

- Häufiger verunreinigte Stellen können Sie mit Plastik- oder Alufolien abdecken und so schützen. Diese glatten Materialien „spritzen zurück" und saugen Nässe nicht auf. Stubentiger hassen es, in ihrem eigenen Malheur zu stehen.

Im Nasen-Wunderland

Bei Alice im Wunderland treffen wir die schönsten Fantasiegestalten: Autor Lewis Carroll hat unter ihnen auch die „Grinsekatze" geschaffen. Doch wie so viele originelle Figuren in dem Märchen hat die ein leibhaftiges Vorbild. Manchmal wird nämlich ein ganz normaler Kater zur Grinsekatze. Wunderland ist eben überall, besonders in der Katzenwelt ...

Mitten im ganz normalen Katzengang scheint ein Kater urplötzlich zu versteinern. Er hebt seine Oberlippe hoch und zieht die Mundwinkel zu einem breiten Grinsen auseinander. Was hat das witzige Gesicht zu bedeuten? Es dient dazu, einen interessanten Duft, der in der Luft liegt, einzufangen, ihn wie in einem chemischen Labor zu analysieren. Zoologen nennen das Verhalten „flehmen".

Von dem, was der Kater wittert, bekommt unsereiner nichts mit. Die Katzennase ist mit 200 Millionen geruchsempfindlichen Zellen ausgestattet. Wir haben davon nur 20 Millionen. Dazu kommt noch ein sechster Sinn. Katzen haben das Jacobsche Organ zwischen Schlund und Nasenhöhle, das ganz speziell auf erotische Parfums des anderen Geschlechts geeicht ist. Beim Flehmen saugt der Kater den Duft tief ein, lässt ihn über diese Prüfstelle streichen. Ist eine rollige Katze irgendwo in der Nähe, schlägt das Jacobsche Organ Alarm. Ein Alarm, der schlagartig neue Prioritäten setzt: Der Kater lässt alles stehen und liegen, begibt sich sofort in die Richtung, aus der dieser betörende Duft kommt.

Die Welt der Katze ist wirklich ein Wunderland der Düfte und Gerüche. Katzen dekorieren ihre Umgebung mit Düften, die wir gar nicht wahrnehmen. Streicht ein Stubentiger um unsere Beine, so hinterlässt er Duftstoffe aus seinen Wangendrüsen, die Vertrautheit signalisieren. So markiert die Katze auch ihre Heimat, Möbel, Türrahmen, ihren Kratzbaum.
Inzwischen sind die Botenstoffe aus den Backendrüsen identifiziert, lassen sich künstlich herstellen. Diese Pheromone, die die verschlüsselte Botschaft tragen: „Hier bin ich zu Hause", gibt es beim Tierarzt als Spray. Nach einem Umzug oder bei Veränderungen im Haus kann es helfen, Katzenstress zu reduzieren.

Lewis Carrolls Grinsekatze im Film „Alice im Wunderland"

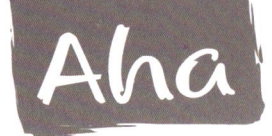

Die seltensten Katzen der Erde

Die Familie der Katzen ist zoologisch gesehen ziemlich jung. Der älteste gemeinsame Vorfahr der heute lebenden 41 Arten dürfte vor 25 Millionen Jahren gelebt haben. Mit Ausnahme der Antarktis und von Australien haben Katzen alle Kontinente besiedelt. Erfolgreich haben sie sich an Wälder, Berge, Wüsten und Sümpfe angepasst. Allerdings scheint es, dass die Existenz wilder Katzen nicht für die Ewigkeit bestimmt ist. Mehr Arten, als heute existieren, sind in der Geschichte der Katzen bereits von der Bildfläche verschwunden.

Tiger
Vor 100 Jahren streiften noch 100.000 Tiger durch Asiens Wälder. Heute ist der Bestand durch Jagd und Verlust der Lebensräume auf etwa 4000 Köpfe zurückgegangen. Die verteilen sich in sechs verschiedenen Unterarten auf 13 asiatische Staaten. Drei weitere Unterarten (der Bali-Tiger, der Kaspische und der Java-Tiger) sind ausgerottet.

Amur-Leopard
Zuhause in Russlands fernem Osten führt er ein äußerst verborgenes Leben – selbst den Forschern und Naturschützern, die in seinen Wäldern unterwegs sind und die ganz genau wissen, wo sie suchen müssen, zeigt er sich kaum einmal. Nur aus seinen Spuren – Trittsiegeln, Kratzspuren an Bäumen, Beutereste und Kot – können sie erkennen, dass er überhaupt noch da ist. Mit geschätzten 30 Exemplaren gilt der Amur-Leopard als seltenste Katzenart.

Iberischer Luchs
Seine Zahl wird auf 300 Köpfe geschätzt. Der Pardal oder Iberische Luchs war einst in weiten Teilen Spaniens und Portugals verbreitet. Bis in die 1960er Jahre hielt man ihn für einen Räuber, der gnadenlos verfolgt wurde. Strenger Schutz und Förderprogramme der EU haben den Niedergang der Art in den letzten Jahren stoppen können.

Asiatischer Löwe
Ist es nicht erstaunlich, dass auf der indischen Flagge drei Löwen zu sehen sind? Dass Sri Lanka ebenso einen Löwen im Wappen führt wie Singapur? Dabei ist doch gemeinhin Asiens große Katze der Tiger – Löwen erwarten wir in Afrika. Und doch gibt es noch die letzten ihrer einst weit in Asien verbreiteten Art. Um 1900 hatte ein Maharadscha die letzten Exemplare in seinem Jagdgebiet unter privaten Schutz gestellt. Sie bildeten den Grundstock der letzten überlebenden Asiatischen Löwen, von denen es noch 300 Exemplare gibt.

Fischkatze
Sie lebt in den feuchten Dschungeln des indischen Subkontinents in Südostasien. Hier ist sie in Tümpeln, Seen, in ruhigen Flüssen und Bächen, in Teichen und Mangrovensümpfen auf der Pirsch. Wasser ist ihr Element: Sie schwimmt, taucht und hechtet ins Wasser, wenn sich ein Fisch zeigt. Die IUCN beziffert den Bestand auf weniger als 10.000 Tiere.

Florida-Panther

Der Puma der Neuen Welt trägt viele Namen: Berglöwe, Silberlöwe – doch nur an der südöstlichen Grenze seines Verbreitungsgebiets heißt er Panther. Floridas Naturschützer unterstreichen damit die biologische Eigenständigkeit ihres Pumas. Denn nach den US-amerikanischen Gesetzen

genießt das Wappentier des Bundesstaates damit höheren Schutzstatus. Der Nachweis eines einzigen der letzten 80 bis 100 Florida-Panther in einem Gebiet führt zum Baustopp für Straßen und Häuser.

Asiatischer Gepard

Schon früh in der Geschichte haben die Völker des Orients erkannt, dass Geparden prima Haustiere und Jagdbegleiter sein können. Man musste einen Wurf möglichst junger Tiere fangen und sie per Hand aufziehen. Maharadschas, Scheichs und Fürsten nahmen so viele Welpen aus der Wildnis, bis Geparden vom indischen Subkontinent verschwunden waren. Erfreulich: Im Iran sind etwa 50 bis 100 Asiatische Geparden dem weiträumigen Aus ihrer Art entgangen.

Iriomote-Katze

200 Kilometer östlich von Taiwan liegt die japanische Insel Iriomoto im Ostchinesischen Meer. Sie ist gerade mal halb so groß wie Ibiza und birgt einen Schatz: Hier (und nur hier!) lebt die nach ihrer Heimat benannte Iriomote-Katze. Sie gilt als lebendes Fossil. 1977 wurden die letzten 100 ihrer Art zum japanischen Natur-Schatz erklärt und unter Schutz gestellt.

Andenkatze

Ihr Lebensraum sind die trocken-kalten Hochlagen der Anden. Über 4000 Meter Meereshöhe lebt sie in der baumlosen Region von Fels, Geröll, Wiesen mit wenig Buschwerk. Nur wenig ist über die Andenkatze bekannt, es gibt nicht mal verlässliche Bestandszahlen. Doch die Katzenexperten der IUCN sind sicher, dass es sich um eine der seltensten Arten handelt und gewährten ihr den höchsten Schutzstatus.

Schneeleopard

In den Gebirgen Zentralasiens ist er unterwegs. Gern in Höhen bis 6000 Meter – wo man allenfalls einmal auf Reinhold Messner und Co. trifft. Kein Wunder, dass die wenigsten Menschen am Hindukusch, Himalaja, dem Kaukasus oder dem Altai-Gebirge jemals einen Schneeleoparden zu Gesicht bekommen. Die gesamte Population wird auf maximal 7500 Exemplare geschätzt.

Wasserscheu oder nicht?

Eine Katze im Wasser? Sind die nicht wasserscheu? Geraten die nicht normalerweise in Panik, wenn es feucht wird? Generell gelten Katzen nicht als begeisterte Schwimmer und bleiben dem Nass lieber fern. Nicht so Perserkätzchen Sigge – und das aus einem guten Grund ...

Kätzin Sigge litt unter schrecklichen Schmerzen: Eine Bänderschwäche ließ ihre Kniescheiben bei jeder heftigen Bewegung aus dem Gelenk springen. Sigge hatte keinen Appetit, keine Lebensfreude, bekam Schmerzmittel und lag den ganzen Tag apathisch in ihrem Körbchen. Der Tierarzt machte wenig Hoffnung, man dachte schon daran, die Katze einzuschläfern. Zum Glück kam da Hunde-Physiotherapeutin Marie Söderström ins Spiel: Ähnliche Knie-Probleme hatte sie schon bei Hunden mit Wassergymnastik in den Griff bekommen.

Einen Versuch war es wert, es gab schließlich nichts zu verlieren. Mit warmen Pfötchenbädern in der Badewanne und gutem Zureden bereitete man die Patientin auf den Sprung ins Wasser vor. Das Therapiebecken wurde auf behagliche 28 Grad aufgeheizt. Zur ersten Schwimmstunde gingen Frauchen und die Therapeutin mit gutem Vorbild voran in den Pool – Sigge stand am Beckenrand und sah zu. Als ihre Besitzerin sie ins Becken hob, paddelte Sigge sogleich in aller Ruhe los, hielt ihr Näschen fein über Wasser und schien irgendwie sogar Freude daran zu haben. Vom Wasser getragen konnte sie sich hier zum ersten Mal im Leben ohne Schmerzen bewegen. Nach der Premiere konnte die Therapeutin mit dem systematischen Muskelaufbau beginnen.

Zweimal pro Woche zieht Sigge seither ihre Bahnen im Pool. Mit solcher Begeisterung, dass Frauchen inzwischen Schwierigkeiten hat, sie überhaupt wieder aus dem Wasser zu bekommen. Zur Belohnung für das tapfere Training wird Sigge nach jedem Training mit dem weichen Handtuch erst einmal richtig trocken gerubbelt und wieder schön gekämmt. „Das genießt sie über alles. Wenn Sigge aus dem Wasser kommt ist sie völlig schlapp und schläft spätestens auf der Rückfahrt im Auto ein. Und wenn wir nach Hause kommen, hat sie einen Löwenhunger und ist in bester Spiellaune", freut sich die Halterin über die unerwartete Genesung. Sigge ist ihrem Schicksal davongeschwommen.

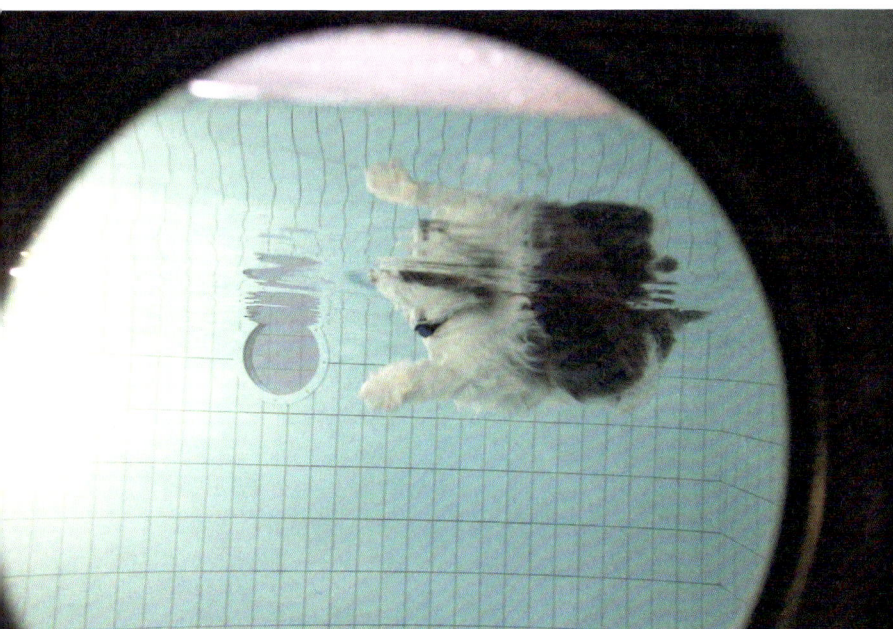

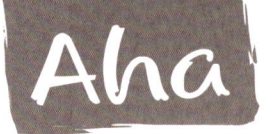

Hawaiianischer Wellenreiter

Lässig paddelt Alexandra Gomez auf ihrem Board in der Brandung am Strand von Honululu und wartet auf die perfekte Welle. Auf einmal schwimmt ein Fellbündel auf sie zu und klettert geschickt auf das Brett ...

Kater Kuli will mit dabei sein, wenn sich Frauchen in die Fluten stürzt. Der Kater ist ein Profi im Wellenreiten. Alexandra und ihre Freundin Krista Littleton fanden Kuli als Katzenbaby völlig unterernährt in einem Straßengraben. Nur 400 Gramm wog der Kleine damals und sein linkes Auge war so entzündet, dass es entfernt werden musste. Daher hat das Katerchen auch seinen Namen – Kuli bedeutet nämlich „blind schauen" auf Hawaiianisch. Alexandra und Krista kümmerten sich rund um die Uhr um den kleinen Pflegefall und päppelten Kuli liebevoll wieder auf. Wegen der Infektion mussten sie den Kater regelmäßig baden. So gewöhnte sich ihr Schützling schnell ans Wasser und seine Retterinnen kamen auf die Idee, ihren Kater mit zum Wellenreiten zu nehmen: „Beim ersten Mal ließen wir ihn nur ein wenig auf dem Wasser in der Nähe des Strandes treiben oder ich paddelte mit ihm herum", erklärt Alexandra. Heute ist Kuli ein Profi. Wenn es richtig hohe Wellen gibt, muss Kuli zu Hause bleiben, aber an ruhigen Strandtagen ist er mit von der Partie!

Captain Cooper

Geschickt balanciert Captain Cooper über die Reling, dann springt er auf den Boden, rollt sich zusammen und spielt mit dem Tau. Der zweijährige Bengal-Kater fühlt sich an Bord zu Hause. Ein Glück für Frauchen Stephanie Mansberger. Die ist Segellehrerin und Skipperin und den Sommer über mit ihrem Boot an der US-Ostküste unterwegs.
Ihren Kater möchte sie dabei nicht missen. Mittlerweile haben sie und Captain Cooper schon fast 13.000 Kilometer segelnd zurückgelegt. Damit sich der Kater nicht langweilt, wenn sie mal länger auf dem Meer unterwegs sind, hat sein Frauchen vorgesorgt: Er hat allerlei Spielzeug und Kratzbretter an Bord. Trotz all dem Spaß ist Stephanie immer auf Captain Coopers Sicherheit bedacht: „Wenn ich ihn nicht beaufsichtigen kann, trägt er seine Schwimmweste, im Hafen nehme ich ihn an die Leine."

Arche Noah für Samtpfoten

Ein schwimmendes Tierheim nur für Katzen? Wo gibt es denn sowas? Die Antwort ist einfach: in Amsterdam.

Auf einem Hausboot in den Grachten von Amsterdam haben herrenlose Katzen ihre Heimat gefunden. Unübersehbar, wozu dieses Hausboot dient: Auf dem „Poezenboot" miezt und maunzt nur so, strömt einen Duft aus nach Katzenfutter, Fisch und Katzen. Viele Angler bringen ihren Fang hierher. Bei

Sonne dösen die Kätzchen auf dem eingezäunten Deck. Bei schlechtem Wetter ziehen sie sich in die Kojen zurück. Drinnen gibt es alles, was das Katzenherz begehrt: Kletterbäume, erhöhte Liegeplätze, Kratzbäume, Katzenklo, Kissen, Körbchen, Spielzeug, Futter- und Wassernäpfe. Es gibt auch eine Quarantänestation für Neuzugänge. Klar, dass es da an Bord eng wird. So wohnen hier auch keine Menschen. Die kommen nur zu Besuch und um zu helfen: Katzenfreunde aus Amsterdam und aus aller Welt, die in ihren Ferien oder freien Stunden auf dem Katzenboot angeheuert haben.

Täglich kommen Besucher, die entweder ihre vermisste Katze suchen, eine Findelkatze abgeben oder eine von rund 50 Bootskatzen bei sich aufnehmen wollen. Täglich kommen aber auch zahlreiche Touristen auf das ungewöhnliche, schwankende Tierheim, das auf der Hitparade der vielen Attraktionen der Stadt inzwischen Platz 35 einnimmt. Ein toller Erfolg, der so nicht zu erwarten war, als die Wohnung der begüterten Katzenfreundin Henriette van Weelde aus den Nähten zu platzen drohte, weil sie so viele Kätzchen in Not aufgenommen hatte. 1968 kaufte sie kurzerhand ein Hausboot, stattete es für Katzen aus und legte es quasi vor ihrer Wohnungstür an.

Über die Besucher gehen die Katzenmeinungen offenbar auseinander. Während manche den Gästen zutraulich schnurrend um die Beine streichen, ziehen sich andere während der Besucherstunden zurück. Verschiedene Räumlichkeiten bleiben verschlossen – bis auf die kleine Katzentür, die jedem offensteht, der seine Ruhe haben will.

Tipp: de Poezenboot, Singel 38G, 1015 Amsterdam, geöffnet von 13-15 Uhr, Mittwoch geschlossen. www.poezenboot.nl

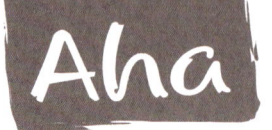

In der Ruhe schnurrt die Kraft

Wenn die Katze aus dem Haus ist, sollen die Mäuse ja auf dem Tisch tanzen – aber was macht eine Katze, wenn ihre Menschen aus dem Haus sind? Englische Verhaltensforscher beobachteten die Hausgenossen mit der versteckten Videokamera und gingen der Frage nach: Was tun die eigentlich, wenn keiner da ist?

Das Ergebnis: Energie sparen. In dieser Disziplin sind Katzen sogar den ältesten Hunden haushoch überlegen. Vom Tag verdösen oder verschlafen sie neun Stunden und vierzig Minuten. Dreieinhalb Stunden widmen sie leichtem (nur nicht anstrengen!) Spiel und 36-mal gehen sie innerhalb von 24 Stunden zum Futternapf, um nachzusehen und ein Häppchen zu sich zu nehmen. Das Häppchen sollte, geht es nach den Katzen, um (erstaunliche) 38 Grad Celsius temperiert sein – also nicht zu heiß und auf gar keinen Fall zu kalt! Eine Vorliebe, die dazu dient, dass auch bei der Nahrungsaufnahme – durch kalte

Happen etwa – keine Wärme verlorengeht. Auch in der Natur hat die ganz normale Katzenbeute, zumeist Mäuse, diese Temperatur. Energiesparend ist auch die Jagdweise: Katzen lauern am Mauseloch, um im richtigen Moment loszuschlagen. Anders als Löwe, Tiger, Gepard und Co. gibt's bei kleineren Katzen keine spurtstarken Verfolgungsjagden. Hetzen, wie es beim Wolf, dem Stammvater all unserer Hunderassen üblich ist, liegt Katzen ganz und gar nicht. Vielleicht hat der Hang zur Ruhe bei Katzen ja dazu geführt, dass sie sich niemals in den Dienst des Menschen stellen ließen wie der Hund.
Und das, obwohl die Verbindung zwischen Mensch und Katz schon genauso alt ist wie die legendäre zwischen Mensch und Hund. Hat man jemals schon Katzen gesehen, die einen Schlitten zogen, ein Fässchen um den Hals trugen oder im Dienst von Zöllnern nach Drogen und Sprengstoff suchten? Dabei wäre die Katzennase für letzteres genauso gut geeignet wie die ihrer kläffenden Kollegen. Ja auch Kläffen wäre dem Energiesparer Katze zutiefst wesensfremd. Wenn die Katze mal was sagt, dann schnurrt sie behaglich, indem beim ganz normalen Atemvorgang die Luft über einen Knorpel streicht. Nur zuweilen lässt sie sich zu lauterem Fauchen hinreißen – dann nämlich, wenn jemand ihre Ruhe stört.

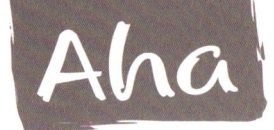

Linkspföter

„Mit welcher Pfote schlägt die Katze nach einem Ball?" lautet eine Frage, die Verhaltensforscher der Universität Washington an Katzenhalter stellen. „Mit der rechten" antworteten 50 Prozent, „ mit der linken" der Rest.
Auf den ersten Blick kein sonderlich aufregendes Ergebnis – denn die Verteilung ist gleich. Doch die Untersuchung zur „Händigkeit" lief über mehrere Jahre, und so zeigte sich, dass die Bevorzugung einer Pfote zu den unveränderlichen Merkmalen einer Katze gehört. Jede Katze ist von klein auf ihr Leben lang entweder Rechts- oder Linkshänder. Warum dies sinnvoll ist, wird bei Katzen besonders deutlich: Mutter Natur hat ihnen nämlich damit wohl ein für (fast) allemal die Entscheidung abgenommen und ihr wertvolle Zeit gespart. Denn: Einer Katze, die erst überlegen muss, mit welcher Pfote sie denn zuschlägt, wenn eine Maus aus dem Loch schaut, würde es vermutlich gehen, wie dem biblischen Esel von Gideon. Der verhungerte zwischen zwei Heuhaufen, weil er sich nicht entscheiden konnte ... Jeder Sekundenbruchteil, den die Entscheidung kostet, verspätet das Zuschlagen und gefährdet den Jagderfolg. Aber auch der kleine Schnellimbiss der Katze zeigt eine markante Seitenbevorzugung: Manche Mäuse flüchten instinktiv vorwiegend rechtsrum, andere linksrum. Pech nur, wenn die linksflüchtige Maus an eine rechtspfötige Katze gerät ...

Unterwegs zur Kirschblüte

Hunde hängen an ihren Menschen, Katzen mehr an ihrem Zuhause. So heißt es zumindest. Doch zwei japanische Katzen beweisen das Gegenteil: Fuku-Chan und Daikichi sind lebende Beweise dafür, dass dies ein Irrtum ist: Die beiden Kätzchen von Daisuke Nagasawa haben deutlich gezeigt, dass ihre Liebe mehr dem Herrchen als ihrem Heim gilt.

Tatsächlich hängen sie auch im wahrsten Sinn des Wortes an ihrem Menschen – an seinem Rücken nämlich. Wie Menschenbabys, die sich tragen lassen, können sie sich

in einem bequemen Rucksack schaukelnd die Natur Japans anschauen, wenn Herrchen auf Wanderschaft geht. Sie sind schon weit herumgekommen, denn IT-Spezialist Daisuke ist ein begeisterter Wanderer, der die Sehenswürdigkeiten des Inselreichs zu Fuß erkundet. Dass Fuku-Chan und Daikichi ihn überallhin begleiten, haben sie sich hart erarbeitet – mit konsequenten Protesten gegen alle fremden Betreuer in ihrem Haus. Daisuke musste sogar schon eine Tour abbrechen, als der Sitter anrief, weil die Katzen nicht zur Ruhe kamen: Daikichi randalierte und war dabei, die Wohnung zu zerlegen. Am Sitter lag es nicht, denn auch der nächste kam nicht zurecht. Daisukes Erkenntnis: „Sie protestierten, weil sie sich von mir verlassen fühlten. Vielleicht ist ihre Bindung einfach stärker, weil ich sie als herrenlose Streuner zu mir genommen hatte." Seitdem er seine Kätzchen mit auf Wanderschaft nimmt, sind sie jedenfalls beruhigt und es herrscht wieder Frieden in Daisukes Haus ...

Aha

Kater auf Reisen

Kater Vladimir ist wirklich mit allen Wassern gewaschen: „Im North Cascades Nationalpark ist er über Bord gesprungen, als er im klaren Wasser ein paar Barsche gesehen hat", lacht sein Besitzer Cees Hofman. „Seitdem muss er auf Ausflügen immer ein Geschirr mit Leine tragen, damit ich ihn halten kann."
Vladimir teilt die Liebe seiner Menschen Madison und Cees zur Natur. Er war schon dabei, als Cees seiner Freundin im Yosemite Nationalpark den Heiratsantrag machte. Damals versprachen sich die beiden, mit ihrem Campingmobil sämtliche 59 Nationalparks der USA zusammen zu besuchen. Natürlich in Begleitung ihres Katers. Katzen gelten ja als ortstreu und heimatverbunden. Doch Ausnahmen bestätigen die Regel …
Vladimirs Heimat ist das Wohnmobil, sein Platz auf der Ablage vor dem Heckfenster. Von hier schaut er sich die Welt an, und wenn es streckenweise über Feldwege und schlechte Pisten geht, dann versucht er, seine Wollmaus zu erhaschen, die Frauchen über seinen Lieblingsplatz gehängt hat. Über ein Jahr haben sich die Hofmans Zeit genommen, um ihren Plan zu verwirklichen. In den Rocky Mountains konnte Vladimir über Gletschereis laufen, in Kalifornien seine Krallen an den berühmten Mammutbäumen schärfen, zusammen mit Herrchen und Frauchen erlebte er die Hitze des Grand Canyon und nach einem Besuch in den Everglades in Florida ließ er sich die Conk-Muscheln schmecken.

Miezen als Musen

Birmakatze Choupette („die Süße") begleitete den Modezar **Karl Lagerfeld** bis zu dessen Tod 2019. Sie führte das Leben eines Supermodels, reiste im Privatjet, hatte einen Bodyguard, brachte sie es auf den Titel der Vogue. Lagerfeld widmete ihr eigene Kollektionen und hinterließ ihr ein Vermögen.

Die Sängerin **Taylor Swift** teilt ihr Haus mit drei Katzen, die alle Vor- und Nachnamen prominenter Filmfiguren tragen: Da ist Meredith Grey nach einer Ärztin aus der Serie „Greys Anatomy", Olivia Benson nach der Polizistin aus der Krimiserie „Law & Order" und Benjamin Button nach dem Protagonisten des gleichnamigen Films. Möglicherweise bleibt es erst einmal bei diesen Dreien. Dafür spricht jedenfalls, dass die Katzenfreundin kürzlich einen ungewöhnlichen Markennamen angemeldet hat: „Meredith, Olivia & Benjamin Swift". Vielleicht gibt's schon bald Spielzeug – oder gar Musik – für Katzen unter diesem Label ...

Ihr durch und durch miesepetriger Gesichtsausdruck brachte Millionen Fans zum Schmunzeln. Selbst in Zeiten, wo das Web von lustigen Katzenvideos geradezu überschwemmt war, stach **Grumpy Cat** (geb. 2012) aus der Masse heraus. Der Star unter den digitalen Katzen – mit bürgerlichem Namen hieß die Mischung zwischen Ragdoll und Perser übrigens „Tardar Sauce" – verdiente in ihrem kurzen Leben ein Vermögen mit Werbung. Madame Tussauds schuf eine Wachsfigur für die Ausstellung in Kalifornien. So wird die im Mai 2019 an einer Harnwegsinfektion verstorbene Grumpy weiter in der realen Welt zu sehen sein – im Internet ist sie ohnehin unsterblich.

Zeitlebens war **Freddie Mercury**, der Frontsänger von Queen, Katzenfan. Ein frühes Album widmete er allen Katzenfreunden der Welt, 1991 ehrte er seine Katze Delilah mit einem eigenen Hit. Es gab Zeiten, da lebten 10 Katzen in seinem Anwesen im Londoner Stadtteil Kensington. Ein halbes Jahr vor seinem Tod trug er in seinem letzten Video eine Weste, auf der alle 18 Katzen seines Lebens abgebildet waren. In seinem Testament bedachte er seine hinterbliebenen Katzen mit einem hohen Geldbetrag, das ihnen ein gutes Leben sicherte. Um sicher zu gehen, dass seine Lieblinge nur in beste Hände kommen, übertrug er die Verantwortung niemand geringerem als dem Hundepsychologen des britischen Königshauses, Dr. Roger Mugford.

Beatle **John Lennon** und seine Partnerin **Yoko Ono** hatten eine Schwäche für Katzen. Nicht weniger als 20 lebten im Laufe der Jahre mit ihnen. Normale Namen hätten zu dem Künstlerpaar nicht gepasst. Da musste schon was Kreatives her: Major und Minor (Dur und Moll) hieß eins ihrer Pärchen, Salt und Pepper (Salz und Pfeffer) ein anderes.

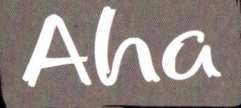

Das Katzen-Märchen

Am 11. Mai 1981 fand in London die Uraufführung von Andrew Lloyd Webbers Musical „Cats" statt. Der Beginn einer grenzenlosen Erfolgsstory aus der Feder eines dichtenden Bankangestellten, der Katzen über alles liebte ...

Es war einmal ein Angestellter der Londoner Lloyds-Bank. Der in den USA geborene T.S. Eliot gab seinen geliebten Katzen witzige Namen wie Jellylorum, Pettipaws und George Pushdragon. Seinem Patenkind Tom Faber schrieb er

Briefe mit fantasievollen und lustigen Versen über Katzen. Die Briefe unterschrieb er oft mit seinem Spitznamen Possum oder Tom Possum – ein Wortspiel um die in seiner amerikanischen Heimat verbreitete Beutelratte, das Oppossum.
Und so begann in den 1930er Jahren in London ein wahres Märchen: Toms Vater, von Beruf Verleger, fand die Verse so toll, dass er T.S. Eliot bat, ein Kinderbuch daraus zusammenzustellen. So entstand das 1939 veröffentlichte Buch „Old Possum's Book Of Practical Cats", das zum Bestseller wurde und Eliots Leben nachhaltig veränderte. Als Teilhaber des Faber & Faber Verlags konnte sich der spätere Nobelpreisträger (1948) ganz der Schriftstellerei widmen. 1977 vertonte der Komponist Andrew Lloyd Webber seine Verse und ersann um Eliots einst prominente, nun aber vereinsamte Katzenfigur Grizabella eines der erfolgreichsten Musicals aller Zeiten.

Wie Hund und Katz?

Wer sagt eigentlich, dass Katzen eingefleischte Einzelgänger sind? Von wegen! Unsere Katzen suchen und lieben Gesellschaft. Es ist immer wieder überraschend, wie gut sie sich mit anderen Tieren verstehen. Selbst wenn es um angebliche Erbfeindschaften geht und die Freunde auch ganz verschiedene Sprachen sprechen.

Fast wie die Bremer Stadtmusikanten treten diese Freunde auf ... es fehlt nur noch der Esel, dann wären die vier aus dem Märchen komplett. Das Trio hat sich auf einem Bauernhof in Westfalen kennengelernt. Als größter und ältester im Freundeskreis steht Golden Retriever Sam im Mittelpunkt. Katze Mika ist Mäusejäger auf dem Hof, Huhn Gretel entkam als Küken einer nahen Legebatterie.

Züchter wie die Niederländerin Annette Hagemeijer sorgen dafür, dass die seltene Rasse der neuseeländischen Kunekune-Schweine erhalten bleibt. Ihr Kater Sheldon hat Gefallen an den Schweinchen gefunden. Die futtern Gras und verbringen ihre Tage draußen auf der Weide. Hat Sheldon Lust zum Schmusen, geht er raus zu ihnen. Wenn es nicht gerade regnet.

Kater Leopold, zuhause in einer Auffangstation für Wildtiere, war schon Kumpel für allerlei mutterlose Findelkinder aus den Wäldern. Hase, Fuchs und Igel hat er schon in schweren Zeiten begleitet. Diesen Sommer war Leopold für den verwaisten Frischling Paula der allerliebste Spielgefährte.

Ein Ehepaar war uneins: Sie wollte eine Katze, er einen Hund. Keiner gab nach. So kam beides ins Haus. Weil Collie und Kater als Jungtiere einzogen und zusammen aufwuchsen, betrachten sie sich nun als Brüderchen und Schwesterchen und leben in perfekter Harmonie unter einem Dach.

Pavlowskaya-Hühner sind eine uralte russische Rasse. Einige Züchter haben sich auf die Erhaltung spezialisiert und sie bedienen sich eines traditionellen Tricks, mit dem die Rasse auch schon in früheren Zeiten vor Mäuse, Ratten und Mardern geschützt wurde: Katzen wachsen im Hühnerstall auf. Sie lernen, die Küken nicht als kleine Vögel und Beute, sondern als Geschwister anzusehen. Stall und Hühnerhof halten sie frei von Feinden der Küken.

Hier ist die Katze König

Freundlich lächelnd wartet Abi Purser am Eingang. Beim Eintreten in ihr kleines, aber äußerst feines Hotel, kommen dem Besucher sanfte Klassikklänge entgegen. Jedes der sechs Zimmer ist nach Thema und Farbe abgestimmt und so eingerichtet, dass es im Sommer schön kühl ist und im Winter kuschlig warm. Das Besondere an diesem Hotel: Es handelt sich um eines für Katzen ...

Abi und Matt Purser betreuen Gastkatzen in ihrem Longcroft Luxury Cat Hotel in Welwyn Garden City. Hier fehlt es den Katzen an nichts: Das Menü à la carte wird auf Silbertellern serviert, und damit es ja nicht langweilig wird, sind vor ihren Fenstern Vogelhäuser angebracht, um sicherzugehen, dass die Gäste des Hotels etwas zu sehen bekommen. Die Porzellanbrunnen sorgen in jedem Zimmer für immer frisches, sauerstoffreiches Wasser und im Hintergrund läuft abwechselnd Jazz oder Klassik aus dem hochmodernen Soundsystem. Die Besitzer bekommen regelmäßig Nachricht von ihren Lieblingen: Über Postings und Live-Videos werden sie über den Urlaub ihrer Samtpfoten informiert, damit sie ihren eigenen sorgenfrei genießen. Wem das noch nicht genügt, der kann einige Extras buchen, wie das entspannende Körperpflegeprogramm oder Behandlungen für Ohren und Näschen. Nicht zu vergessen die Maniküre und die Massage.

Hotelbesitzerin Abi sagt: „Es gibt einige gute Katzenpensionen, aber keine hat unser breites Angebot, besonders in Hinsicht auf Komfort und Stil." Die Zimmer sind viel größer als die Norm, jedes mit einem eigenen Bett und so eingerichtet, dass die Gäste sich wohlfühlen. Auch für größere Stubentiger ist bestens gesorgt – mit der „super-sized Suite" für größere Rassen oder für die Besitzer mehrerer Katzen, die wollen, dass ihre Tiere zusammen bleiben. Die Musik, die ungewöhnlichen Spielsachen und die Vogelhäuser sind nur ein paar Dinge, um sicher zu gehen, dass die Gäste des Hotels stimuliert werden. „In Kürze wollen wir eine Maschine anbringen, die Blubberblasen pustet, die mit dem Aroma von Katzenminze versehen sind. Wir wollen einfach, dass die Katzen glücklich sind und unterhalten werden, solange sie hier sind", erklärt Abi ihre Hotelphilosophie.

Und obwohl es ihrer Meinung nach das Beste ist, was es in England an Katzenbetreuung gibt, halten Abi und Matt die Preise niedrig, um für jedermann attraktiv zu sein und vielen Katzen die Luxusbehandlung zu ermöglichen.

Auf einen Kaffee mit der Katze

Viele glauben, dass die Idee der Katzencafés wie so einige verrückte Trends aus Japan kommt. Stimmt aber nicht! Zwar gibt es inzwischen knapp 200 dieser Cafés im Land der aufgehenden Sonne, doch das erste wurde 1998 in der taiwanesischen Hauptstadt Taipeh eröffnet.

2004 entstand das erste im japanischen Osaka. 2012 folgte Wien, im gleichen Jahr München. Katzencafés sind ein Erfolgsmodell, das inzwischen auch in Aachen, Bielefeld, Berlin, Hamburg, Köln, Nürnberg und 14 weiteren Städten Deutschlands Nachahmer fand.

Der Inhaber von Deutschlands erstem Katzencafé im Münchener Stadtteil Maxvorstadt kennt seine Tiere. Mit einem Auge blinzelt der dösende Gizmo aus seinem Körbchen nach der bunten Feder, die an dem Faden des Stöckchens tanzt. Dann hebt er den Kopf, schlackert mit den Ohren und streckt sich mit einem ausgiebigen Gähnen, bevor er sich geduckt an die Feder schleicht. „Unsere Katzen haben nie Eile – sie sind tiefenentspannt. Das mögen unsere Gäste und die Entspannung überträgt sich auf sie."

Café Katzentempel heißt die ungewöhnliche Location. Hier stehen Kratzbäume herum, Kletterbäume, ein plätschernder Brunnen mit frischem Wasser für die Tiere. Hier gibt es Körbchen mit Decken und Kissen zum Ruhen und Säulen mit Ausblick. An den Wänden sind Katzentreppen und bunte Regalbretter als Stiegen und erhöhte Ruheplätze angebracht. Ein Katzenparadies – und wenn eine

CAT IS HAPPY, EVERYONE IS HAPPY

mal Ruhe haben will vor Besuchern, dann kann sie sich durch die Katzentür in einen Ruheraum verziehen, zu dem kein Mensch außer den Mitarbeitern Zutritt hat.

Die Katzen, die hier so paradiesisch leben dürfen, haben den Luxus wirklich verdient. Alle stammen aus dem Tierschutz, waren ausgesetzt, verwahrlost oder wurden vor dem Einschläfern bewahrt – wie Jack, der als Streuner unters Auto gekommen war und ein Bein verlor. Hier drinnen stört ihn das Handicap nicht, in der entschleunigten Welt des Katzentempels gibt es keinen Grund zur Eile: Drei Beine sind hier genug. Für Studentin Maria ist er der Favorit: „Ich würde mir so gern auch eine Katze halten – aber im Studentenwohnheim ist das nicht erlaubt. So habe ich mit Jack meine Katze." Und der sieht das genauso. Wenn Maria reinkommt, steht er auf und streicht ihr zur Begrüßung um die Beine.

Total tierfreundlich ist auch die Speisekarte – die einzigen fleischhaltigen Speisen finden sich in den Futterschüsseln, für Menschen gibt es rein vegane Kost.

Gesund und lecker:
Katzencracker mit Liebe gemacht

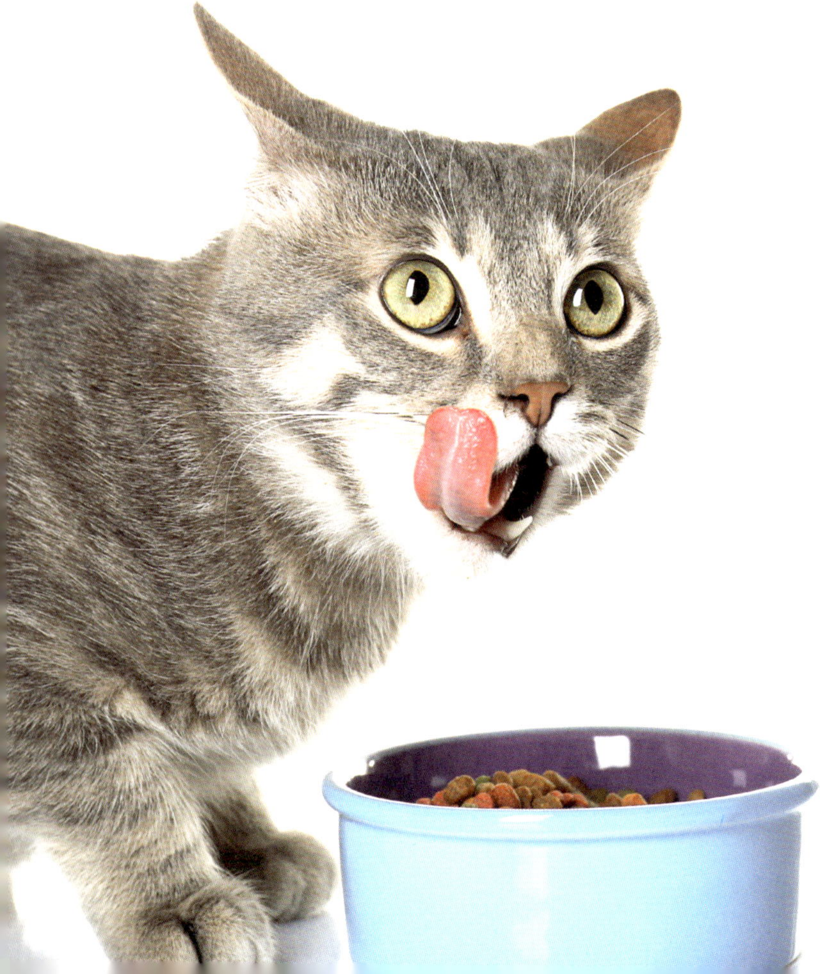

Man nehme:
30 g Maismehl
10 g Vollkornmehl
1 Ei Größe S
1 EL Sojamilch
20 g Trockenfisch

Zubereitung:
Ei und Mehl gründlich vermengen. Mit einem Schuss Sojamilch zum festen Teig verkneten. Kleingehackten Trockenfisch einmischen. Teig ausrollen, in mundgerechten Portionen ausstechen und auf ein Blech mit Backpapier legen. Bei 180 Grad Ober/Unterhitze im Herd goldbraun backen. Das dauert ungefähr 10 Minuten. Dann herausnehmen, gut abkühlen lassen und zur Aufbewahrung in eine Dose geben. Die haltbaren Cracker gibt's dann immer wieder mal als kleine Belohnung zwischendurch.

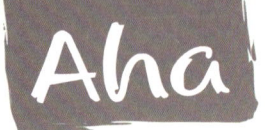

Welcome back, Pinselohr!

Jahrhundertelang wurde er wegen seines schönen Fells bejagt, als Konkurrent der Jäger und Räuber von Schafen, Ziegen und Hühnern verfolgt. Mit Pulver und Blei, mit Gift und Fallen. Bis er vor rund 200 Jahren aus unseren Wäldern verschwand …

Zum Glück nicht für immer – denn in unzugänglichen Refugien unserer Nachbarländer haben einige der äußerst scheuen Katzen die Verfolgung überlebt. Eine neue Einstellung zur Natur, die Schaffung der ersten Nationalparks vor 50 Jahren, gewährten unserer größten wilden Katze endlich Schutz. Über

die Grenzen wanderten die ersten Tiere von Tschechien und Österreich nach Bayern ein, weitere kamen aus der Schweiz in den Schwarzwald. Nachzuchten aus Gehegen und Zoos wurden im Nationalpark Harz angesiedelt. Sie sorgen mit ihrem Nachwuchs dafür, dass in jedem Frühjahr die Zahl der Luchse in unseren Wäldern weiter steigt. Die Projekte von WWF, NABU und anderen führten dazu, dass im Jahr 2020 wieder 137 Luchse gezählt wurden.
Wenn das so weitergeht, läuft Ihnen schon bald bei einem Spaziergang im Schwarzwald, im Spessart, im Taunus, Harz oder Hainichen so ein Luchs über den Weg.

Katzen. Eine Zeitreise

7500 v. Chr. Auf Zypern wird ein Mensch zusammen mit einer Falbkatze begraben. Das spricht für die Bedeutung der Katze bereits in der steinzeitlichen Gesellschaft.

3300 v. Chr. Analysen von Katzenknochen zeigen, dass Katzen im alten China mit Hirse gefüttert wurden. Aus dem Zustand der Zähne lässt sich erkennen, dass die Katzen schon damals sehr alt wurden.

1500 v. Chr. Die älteste Darstellung einer Katze in Europa findet sich auf einem Goldplättchen in Griechenland.

500 v. Chr. Ägyptische Händler verkaufen Katzen an Römer, Gallier, Kelten und andere Stämme in Europa.

480 v. Chr. In Griechenland entsteht ein Marmorrelief, das eine Katze an der Leine zeigt.

1. Jahrhundert n. Chr.	Römer bringen die Hauskatze in ihre Provinzen an Rhein, Donau und Mosel.
2. Jahrhundert n. Chr.	Knochen und Zähne von Hauskatzen aus dieser Zeit finden sich auch in den nördlichen Gebieten Germaniens, die nicht von Römern besetzt waren.
936 n. Chr	Howell Dia, der Prinz von South Central Wales, erlässt ein Gesetz zum Schutz von Katzen – was belegt, dass Katzen auf der englischen Insel angekommen sind.
1484	Papst Innozenz VII lässt Katzenanbeter als Hexen verbrennen.
17. Jahrhundert	Katzenhalter müssen nicht mehr fürchten, zusammen mit ihren Lieblingen als Hexen auf dem Scheiterhaufen zu enden. Katzen sind nun beliebte Haustiere und werden auf Schiffen als Mäusejäger angeheuert.
1871	Im Londoner Crystal Palace findet die erste Katzenausstellung statt.

1962 Am Neujahrstag nehmen die Beatles den Song „Three Cool Cats" auf.

1987 Japan führt den 22. Februar als „Katzentag" ein. An diesem Tag wird an Schreinen für die Gesundheit der Katzen gebetet.

1993 Socks, die Hauskatze von Familie Clinton, zieht als „First Cat" ins Weiße Haus ein. Socks stirbt 2009 im Alter von 19 Jahren.

2001 CC, die erste Klonkatze, benannt nach dem Kürzel für „Kopie", erblickt das Licht der Welt.

2005 Fred, the undercover kitty, arbeitet als verdeckter Ermittler für die New Yorker Polizei und hilft, einen falschen Tierarzt zu überführen.

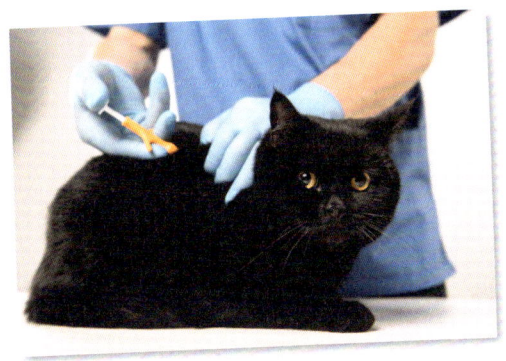

2011   Ab Juli müssen Katzen bei Auslandsreisen zusätzlich zum blauen EU Heimtierpass einen Mikrochip tragen.

2012   Hank the Cat aus Springfield wird als Kandidat zur Wahl zum Senat der USA in Virginia aufgestellt und immerhin Dritter.

2016   Die Scottish Fold Katze Maru wird nach 335 Millionen Klicks vom Guinnessbuch der Rekorde als „Weltrekordhalterin von Katzenvideos auf Youtube" ermittelt.

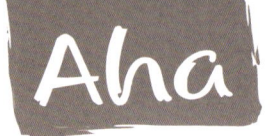

Sieben Profitipps für tolle Katzenfotos

Was fotografieren Menschen am liebsten? 1. Familie oder Partner, 2. ihre Tiere, 3. ihren Urlaub – und auf facebook ihr Essen. Schade, dass die Ergebnisse bei den Tierfotos oft die schlechtesten sind. Dabei muss man nur 7 goldene Regeln beachten, um gelungene Katzenfotos zu schießen:

1. Nie von oben herab fotografieren. Gehen Sie immer auf gleiche Höhe mit Ihrem Tier. Auch wenn Sie sich dazu hinlegen müssen. Besser noch ist es, wenn die Katze leicht von unten aufgenommen wird!

2. Gehen Sie nah ran an das Tier, so dass es möglichst viel von der Fläche im Sucher füllt. Schließlich ist das Tier die Hauptsache im Bild – und nicht der Hintergrund. Und denken Sie immer daran: Ihr Objekt sieht im Sucher deshalb größer aus, weil sie beim Durchsehen nur auf die Katze schauen!

3. Der Hintergrund sollte neutral sein: Also fotografieren Sie nicht vor stark gemusterten Teppichen oder Tapeten und bitte ohne störende Gegenstände (wie zum Beispiel ein Tischbein) im Bild!

4. Der Hintergrund sollte einen Kontrast zum Tier bieten. Also bitte keine weiße Katze vor weißer Wand ...

5. Schwarze Katzen brauchen viel Licht. Auch im Freien ist es nicht verkehrt, den Blitz einzuschalten, wenn Sie eine dunkle Katze fotografieren möchten.

6. Am besten sehen Katzen im Freien aus: In natürlicher Umgebung im Gras oder vor dem Hintergrund von Grün oder blauem Himmel kommen sie am besten zur Geltung.

7. Tiere und üppige Blumenrabatte sind zu viel des Guten. Blüten also bitte nur als kleines schmückendes Beiwerk in den Sucher nehmen: In einem bunten Blumenmeer geht sogar die schönste Mieze unter.

Katzenstars auf Zelluloid

Heute sind Katzenclips auf YouTube, TikTok und anderen Plattformen der Hit. Doch auch vor dem Internet gab´s Katzen-Stars im Kino und Fernsehen.

1940–1967
Tom und Jerry
Kurze Zeichentrickfilme um den lustigen Dauerkonflikt zwischen Kater Tom und Maus Jerry belustigten in 161 Episoden das Publikum. Für Kater Tom ging das jedes Mal schlecht aus. Teils so geschmacklos und grausam, dass Tierschutzverbände und Pädagogen Einspruch erhoben. Unsterblich wurde die Serie in modernen Zeiten durch die TV-Serie „Die Simpsons". Seit 1989 nimmt sie das Team aus Katz und Maus unter dem Titel „Itchy & Scratchy" persiflierend auf die Schippe. Homer und Bart lachen sich krank über den Einsatz von Sprengstoff, Gift und Kreissägen gegen Kater Scratchy.

1961
Frühstück bei Tiffany
Im Film hat die Katze keinen Namen, aber eine bedeutende Rolle an der Seite von Audrey Hepburn, die die Streunerin meist lediglich „Cat" nennt. Im echten Leben war Cat ein Tabby-Kater namens Orangey, der auch unter den Namen Rhubarb und Jimmy bekannt ist. Orangey spielte in den 1950er und 1960er Jahren in verschiedenen Filmen mit. 1952 wurde er für seine Titelrolle als Millionenerbe im Film „Rhubarb" mit dem Patsy Award (dem „Oscar" für Tiere) ausgezeichnet, spielte 1959 mit in der Verfilmung des „Tagebuchs der Anne

Frank" und fand seine standesgemäße letzte Ruhe in den Hollywood Hills.

1963
Liebesgrüße aus Moskau

Ernst Stavro Blofeld, Chef der Organisation Spectre, die im Allgemeinen nichts weniger will, als die Welt zu beherrschen

und Kriege anzuzetteln, ist ein Bösewicht und häufiger Gegenspieler von 007 James Bond. Sein Markenzeichen ist eine weiße Perserkatze. In einigen der insgesamt sechs Bond-Filme sieht man nur die Katze, die von Blofeld gestreichelt wird, nicht aber sein Gesicht.

1970
Aristocats

Ein Walt Disney-Zeichentrickfilm um das Schicksal einer vierköpfigen Familie von Angorakatzen mit einem exzellenten Stammbaum: Sie leben bei einer Operndiva in den besten Kreisen von Paris – bis sie vom Butler entführt werden und in der Provinz und auf dem abenteuerlichen Weg zurück die Höhen und Tiefen des Katzenlebens durch Streuner und Habenichtse aller Nationalitäten kennenlernen. Nach den Erfahrungen mit dem Butler ändert die Diva

ihr Testament zugunsten eines Asyls für Katzen in Paris. Der Film wurde ein Welterfolg.

1972
Fritz the Cat

Ersonnen wurde der lebenslustige Kater von Robert Crumb, der in den 1960er Jahren mit

Underground-Comics eine Ikone der Studentenbewegung war. Die sexuelle Revolution und das Motto: „Make love, not war" hat auch Kater Fritz geprägt: Er nimmt Drogen, propagiert freie Liebe, lädt Mädchen zu Orgien ein und sympathisiert mit revolutionären Bewegungen, die das amerikanische System verändern wollen. Tatsächlich änderte Fritz einiges. Wegen seiner fraglichen Botschaft war dieser Zeichentrickfilm nicht für jugendliches Publikum zugelassen und wurde damit der erste große Animationsfilm für Erwachsene.

1986–1990
Alf

Was hat der Außerirdische Alf, der im Garten von Familie Tanner landet, mit Katzen zu tun? Viel – denn er hat ständig Appetit auf Katzen und Katzenhaar, eine Delikatesse auf seinem Heimatplaneten Melmac. Natürlich führt das zu dauernden Problemen bei Familie Tanner, lebt doch im Haus die geliebte Katze Lucky. Trotz manch heikler Begegnungen wird weder Lucky noch anderen Katzen in der lustigen TV Serie auch nur ein Haar gekrümmt.

1994
Felidae

Der superintelligente Kater Francis zieht mit Herrchen in ein düsteres Haus, in dem er rätselhafte Katzenmorde entdeckt. Auf die Spur bringt ihn ein merkwürdiger Geruch von Chemie. Schließlich findet Francis heraus, dass es im Haus früher ein Labor für Tierversuche mit Katzen gab. Überlebende Versuchstiere, die entkommen konnten, waren durch die Manipulationen im Labor geschädigt und verändert. Sie gründeten eine Sekte, die zum Ziel hatte, Katzen als Killer zu züchten und Rache an der Menschheit zu nehmen. Die ermordeten Katzen hatten dem Führer der Katzensekte im Weg gestanden. Schließlich stellt Francis den Sektenchef und tötet ihn im Kampf.

2011
Der gestiefelte Kater

„Es war einmal" – so fangen Märchen der Gebrüder Grimm an. So auch das Märchen vom gestiefelten Kater: Es war einmal ein Müller, der hatte drei Söhne ... Sie alle erbten etwas. Der älteste bekam die Mühle, der zweite den Esel und für den jüngsten gab's den Kater. Eine große Enttäuschung. Doch dann brachte der pfiffige Kater ihm Glück und Reichtum, schließlich ein Schloss und die Königstochter als Braut. Der Müllerssohn ernannte den Kater zum Minister.

Die Disney Dreamworks griffen die Figur des gestiefelten Katers auf und machten das Märchen zu einem erfolgreichen 3D-Animationsfilm, der weltweit mehr als eine halbe Milliarde Dollar einspielte. Der Film folgt allerdings nicht der Handlung von Grimms Märchen. Vielmehr baut er Riesen, Zauberer und Wundertiere aus ganz verschiedenen Geschichten in die Handlung um die Hauptfigur ein.

2016
Bob, der Streuner

Die wahre Geschichte über Straßenkater Bob, der sich dem Straßenmusiker James Bowens anschließt, bewegte Kinobesucher in aller Welt. Vier Katzen wurden trainiert, um in verschiedenen Szenen als Bob aufzutreten. Für Aufnahmen, in denen größere Menschengruppen vorkamen, waren diese „Stunt-Katzen" allerdings nicht geeignet. Sie wurden zu nervös. In diesen Szenen spielte Bob sich selbst. Schließlich war er aus seiner Vorgeschichte an größere Ansammlungen von Menschen gewohnt und blieb dabei ruhig und gelassen. Im Juni 2020 starb Bob im Alter von 14 Jahren.

Das Klugscheißer-Quiz

1 Eine Katze benötigt zur täglichen zur Fellpflege ...
A 1 bis 2 Stunden
B 3 bis 4 Stunden
C 4 bis 5 Stunden

2 Wie viele Katzen leben in Deutschland?
A 10 Millionen
B 15 Millionen
C 20 Millionen

3 Berufsbedingte Verletzungen von Tierärzten gehen meist aufs Konto von ...
A Hunden.
B Katzen.
C Pferden.

4 Wie viele Schnurrhaare umgeben ein Katzennäschen?
A 20
B 24
C 32

5 Wie viele Haare hat eine Katze?
A 100.000
B 500.000
C 1.000.000

6 Was ist der Altersrekord bei Katzen?
A 26 Jahre
B 30 Jahre
C 34 Jahre

7 Bei den dreifarbigen Glückskatzen ...
A gibt es nur Weibchen.
B gibt es nur Kater.
C halten sich die Geschlechter die Waage.

8 Wenn sie fallen, landen Katzen immer auf den Pfoten.
A Das üben sie schon in der Kindheit.
B Das verdanken sie einem angeborenen Reflex.
C Das lernen sie von der Mutter.

9 Wenn Katzen allergisch sind, dann liegt es meistens ...
  A am Gluten in der Nahrung.
  B an Kohlehydraten.
  C an tierischen Proteinen.

10 Warum wird die Munchkin auch Dackelkatze genannt?
  A Sie bettelt mit dem Dackelblick.
  B Sie hat kurze Beine.
  C Bevor es Dackel gab, begleitete sie den Jäger.

11 Weshalb können Katzen im Dunkeln so gut sehen?
  A Sie haben große Augen, die viel Licht einfallen lassen.
  B Sie haben reflektierendes Gewebe im Augenhintergrund.
  C Sie haben große Augen und einen reflektierenden Augenhintergrund.

12 Welches Tier ist keine Katze?
  A Lhasa Apso
  B Balinese
  C Leopardette

13 Hilft es, das Futter zu versüßen, wenn die Katze keinen Appetit hat?
  A Ja, aber es besteht die Gefahr, dass sie schlingt.
  B Nein – Katzen haben keinen Geschmackssinn für Zucker.
  C Süßes rühren sie nicht an.

14 Wie viele Wildkatzen streifen durch unsere Wälder?
  A 1000
  B 5000
  C 10.000

15 Wie lange dauert die Tragzeit bei Katzen?
  A 7 bis 8 Wochen
  B 8 bis 9 Wochen
  C 9 bis 10 Wochen

16 Gibt es unter Katzen Rechts- und Linkshänder?
  A Nein – sie nutzen ihre Pfoten gleich viel.
  B Katzen sind vorwiegend Linkshänder.
  C Katzen bevorzugen eine Seite, sind entweder Rechts- oder Linkshänder.

17 Manche Katzen haben einen überzähligen Zeh, Veterinäre nennen es Polydactylie. Betroffene tragen 6 Zehen ...
  A an jeder Vorderpfote.
  B an allen vier Pfoten.
  C nur an einer Pfote.

18 Wir Menschen haben rund 20 Millionen Riechzellen in der Nase. In puncto Geruchssinn sind uns Katzen mehr als eine Nasenlänge voraus, denn sie haben ...
A 50.
B 100.
C 200 Millionen Riechzellen.

19 Die Katze des verstorbenen Modezaren Karl Lagerfeld heißt ...
A Karl.
B Chanel.
C Choupette.

20 Du sitzt auf dem Sessel, die Katze starrt dich minutenlang an. Was will sie damit ausdrücken?
A Bitte spiel mit mir!
B Geh runter von meinem Platz!
C Ich habe Hunger!

Quiz-Lösungen

1 = **C**
2 = **B**
3 = **B**
4 = **B**
5 = **C**
6 = **C**
7 = **A**
8 = **B**
9 = **C**
10 = **B**
11 = **C**
12 = **A**
13 = **B**
14 = **C**
15 = **B**
16 = **C**
17 = **A**
18 = **C**
19 = **C**
20 = **B**

Klugscheißer-Sprüche über Katzen

„Zusammen mit einer Katze ist ein Schriftsteller weniger allein, doch allein genug, um zu arbeiten"
(Patricia Highsmith 1921–1995, Krimiautorin)

„Zeit, die man mit Katzen verbringt, ist nie vergeudet."
(Sigmund Freud, 1856–1939, Begründer der Psychoanalyse)

„Katzen sind die Mieter der Sonne: Wo die Sonne scheint, ist eine Katze in der Nähe"
(Vittorio Giovanni Rossi, 1898–1978, italienischer Schriftsteller)

„Die Katze hat sich vorgenommen, dem Menschen ein Rätsel zu bleiben."
(Eugen Skasa-Weiß, 1905–1977, Schriftsteller)

„Katzen."
(Mit diesem einen Wort beantwortete First Lady Mary Todd die Frage eines Reporters nach den Hobbys ihres Gatten US Präsident Abraham Lincoln, 1809–1865)

„Es gehört zu den Pflichten einer Katze, einfach dazusitzen und bewundert zu werden."
(Englisches Sprichwort)